Chin Shunshin
陳舜臣

景徳鎮の旅

中国やきもの紀行

たちばな出版

景徳鎮の旅 《中国やきもの紀行》

景徳鎮の旅――目次

装丁　川上成夫
写真　©Photo RMN/Jean-Gilles Berizzi/amanaimages
製作年代／清朝・康熙帝

第一章

1

心につよく焼きつけられた過去の情景というのがあるものです。たいていの人は、そんなあざやかなシーンの記憶を、いくつかもっているでしょう。

風景が頭にうかび、つぎにそこにいた人たちやことばのかずかずが思い出されることもあります。反対にことばが先で、それにみちびかれて、風景があとからうかぶこともあるようです。風景はかならずしも風光明媚《ふうこうめいび》であるとは限りません。見渡すかぎり黄一色の砂漠《さばく》なども、その荒涼さのゆえに忘れられないものです。

忘れられない話をきいたのが、たまたま忘れられないような場所であったという場合もあります。

一九七五年の夏、私は敦煌《とんこう》を訪ねました。酒泉《しゆせん》から敦煌莫高窟《ばっこうくつ》まで、四百余キロをジープで走ったのです。このときの旅行のことは、『敦煌の旅』という本に書きました。甘新《かんしん》公路を玉門鎮《ぎょくもんちん》から安西《あんせい》へむかう途中、案内の老劉《ラオリユウ》という人から、忘れられない話をきいたのです。疏勒《そろく》河という河が、ゴビのなかを流れていますが、甘新公路から遥か彼方に橋湾《チヤオワン》という公社がその北岸にあり、南岸が布隆吉《ブロンチ》公社だと教えられました。

橋湾にむかしの城跡があるという説明についで、老劉はおもしろい話を紹介してくれたのです。

清の乾隆《けんりゆう》帝（在位一七三六——一七九五）が、あるとき夢に名城をみて、その城のもようを大臣に語りきかせ、それにもとづいて建てさせたのが、その橋湾城であったというのです。話にはつづきがあります。築城を命じられた大臣が、業者から賄賂《わいろ》をとって私腹を肥やしたのが露見して、死刑になったというのです。しかも、皇帝は死刑だけではあきたりないで、その大臣の皮膚を剝《は》ぎとって太鼓をつくらせ、橋湾城の櫓《やぐら》にぶらさげ、朝夕、それを叩かせることにしたのです。

死んでからも、撥《ばち》でドンドコドンドコ叩かれるのではたまりません。当時の人たちも、きっと首を縮めたことでしょう。

私は『敦煌の旅』のなかに、この話を紹介して、右のようにしめくくりました。

その後、私の西域熱はますます高まり、橋湾城のことを、もっとはっきり調べてみようと思い立ったのです。

『清史稿』（清の正史はまだ編まれていません）の「地理志」をみると、

――橋湾営

というのがあります。営とは軍隊の駐屯地《ちゅうとんち》ですが、「城」とまではいえないでしょう。

『甘粛通志《かんしゅくつうし》』には、

――橋湾堡

とあり、これもトリデていどのもののようです。『清史稿』の説明を読みますと、ここは安西直隷州（おなじ州でも中央直轄の重要なもの）ですが、雍正《ようせい》元年（一七二三）に沙州という名が与えられ、「布隆吉城」が築かれ、安西同知（正五品官）が任命されたことになっています。

ジープのなかで老劉からきいた橋湾城とは、おそらく布隆吉城のことでしょう。そうだとすれば、あとは芋蔓式《いもづるしき》にわかってきます。布隆吉城築造を命じられた大臣は、乾隆朝ではなく、その一代前の雍正朝の年羹 堯《ねんこうぎょう》という人物だったのです。

一九七八年の夏、私は南 昌《なんしょう》市から景徳鎮《けいとくちん》へむかう途中、三年前の敦煌旅行を思い出していました。

清代景徳鎮やきものの歴史のうえで、忘れることのできない人物が何人もいますが、そのうちの一人の年希堯《ねんきぎょう》は、布隆吉城を築き、汚職のために死を与えられた年羹堯の兄にほかならなかったのです。

弟のほうが、政界でめざましい昇進をしました。兄もすぐれた人物ですが、やり手だったのは弟のほうで、そのため陽のあたる道をまっしぐらに頂上にむかって、駆けのぼることになったのです。

正確にいえば、年羹堯は自決を命じられたので、死刑ではありません。そして、清朝列伝などを読んでも、彼が皮膚を剝《は》がれ、太鼓に張られたということは、どこにも出ていないのです。

民間でつくられた話かもしれません。

当時、重罪人は家族まで連坐したものです。本来ならまだ存命だった年羹堯の父も兄も処刑されるところでした。だが、皇帝がおそらくその才能を惜しんだのでしょう。職を解かれただけですみました。弟が罪をおかしたとき、兄の年希堯は広東巡撫《じゅんぶ》（省長）から工部侍郎（建設次官）に進んだばかりでした。

弟のことがなければ、年希堯は中央政府で、さらに高い地位についたでしょう。いったん解職されてから、新しく任命されたポストが内務府総管で、これは宮内庁の総務のような役目でした。それから、淮関《わいかん》税務を管理するために南方に派遣されたのです。景徳鎮のやきものは官営で、淮関の直轄下にありました。

雍正《ようせい》四年（一七二六）から十二年（一七三四）までのあいだ、年希堯は景徳鎮窯業の監督官でした。弟が不始末をしでかさなければ、彼はこんな職につかなかったでしょう。彼は不本意だったかもしれませんが、景徳鎮にとっては、おかげで得難い人材を、指導者にもつことができたのです。

西北の甘粛省と、東南の江西省とでは、ずいぶん離れています。甘粛の布隆吉城と江西の景徳鎮のあいだは、山も河も道路もまったく無視した直線距離にしても、約二千三百キロもあるのです。それでも、こんなふうに人間のつながりがあります。そして、両地を旅した私の胸に、歴史上の人物たちが歩み寄ってくるかんじさえするのです。

甘粛の旅では、ものがなしいほど荒涼としたゴビが、どこまでもつづいていました。江西では緑の多い江南の風物がくりひろげられています。まったく異なった風土に、なにかつなぎ目がみつかるところに、思わぬ旅のたのしみがあるものです。

「去年、私は新疆《しんきょう》の喀什《カシユガル》や和田《ホータン》など、砂漠《さばく》地方を旅行しましたが、こんどはまるで正反対の風景ですね。緑が多くて」

案内の人にそう言ったところ、

「いえ、ことしは雨が降らずに、草木もあまり生き生きとしていません。埃《ほこり》っぽくていけませんよ。いつもはもうすこし潤いがあるんですが」

という返事でした。

一九七八年の夏、江西省は雨量がすくなく、異常気象といえるほどだったのです。

2

やきもののまち景徳鎮は江西省にあります。その江西省の省都は南昌《なんしょう》市です。景徳鎮への旅は、たいてい南昌市から始まります。

ところで、江西省という地名をきけば、なにを連想するでしょうか？

中国の詩文に関心のある人は、江西省の北部、鄱陽湖《はようこ》と長江（揚子江）のまじわるあたりに、廬山《ろざん》という名山のあることを思い出すでしょう。

廬山の麓《ふもと》にある九江市《きゅうこうし》一帯は、むかし潯陽《じんよう》と呼ばれ、その一部の柴桑《さいそう》という村が、詩人陶《とう》淵明《えんめい》の故郷でした。

陶淵明は西暦三六五年に生まれ、東晋《とうしん》の役人をしていましたが、四十一歳のとき、あの有名な「帰去来の辞」をつくり、辞任して帰郷、隠遁《いんとん》の生活にはいったのです。日本ではこの辞の最初の三字、「帰去来」を、

——帰《かえ》んなんいざ

と読む習慣があります。そのあとに、

田園、将《まさ》に蕪《あ》れんとす

胡《なん》ぞ帰らざる

と、つづくのです。

隠者として生活を送りながら、陶淵明はかずかずの名詩をつくりました。なかでも「飲酒」と題した二十首の連作は、彼の代表作といってよいでしょう。

――既《すで》に酔いし後は、輒《つね》に数句を題《しる》して自《みずか》ら娯《たの》しむ。

と、その序文にあるように、飲酒というタイトルはついていますが、その連作の詩はかならずしも酒をテーマにしたものばかりではありません。なかでも、其五《その》のなかの、

菊を采《と》る東籬《とうり》の下《もと》
悠然《ゆうぜん》として南山を見る

という句は、古来、日本の文人にも愛誦《あいしょう》されてきました。陶淵明が南山と呼んだ山こそ廬

山にほかならないのです。

陶淵明以後、あまたの文人が廬山に来て詩文をつくりました。そのなかで、とくに有名なのは、李白《りはく》（七〇一——七六二）と白居易《はくきょい》（白楽天。七七二——八四六）の二人でしょう。白居易は表現が平明で、日本人にもわかりやすいせいか、『白氏文集』は、平安貴族の必読教養書のようになっていました。廬山のなかに香炉に似ているので、「香炉峰」と呼ばれる山がありますが、平安中期の女流文学者清少納言もその名を知っていたのです。『白氏文集』を通じて知ったのはいうまでもありません。

中国の近代史にくわしい人なら、江西省といえば、おなじ山でも、廬山ではなく、井岡山《せいこうざん》の名を先に思いうかべるかもしれません。江西省の西南にある井岡山は、中国共産党の革命拠点だったのです。また福建省との境界に近い、瑞金《ずいきん》というまちを連想する人もいるでしょう。ここも革命の根拠地で、一九三四年の「長征」は、この瑞金を放棄して出発したのです。

——南昌蜂起《ほうき》

ということばを、連想される人もすくなくないでしょう。

一九二七年八月一日、朱徳《しゅとく》（一八八六——一九七六）周恩来《しゅうおんらい》（一八九八——一九七六）、賀竜《がりゅう》（一八九六——一九六九）たちによって指導された三万の革命軍が、僅か三時間で南昌を占領しました。南昌市に革命委員会が成立し、宋慶齢《そうけいれい》（孫文未亡人。一八九〇――一九八一）や郭沫若《かくまつじゃく》（一八九二――一九七八）も名をつらねています。

この蜂起軍は、北伐のやり直しのために広東へむかいましたが、途中、国民党のはげしい攻撃をうけ、その一部は井岡山に合流したのです。

現在、中国の人民解放軍は、八月一日を建軍記念日としています。それは、この南昌蜂起をもって軍隊の誕生とみなしているからでしょう。その意味でも、南昌という土地は忘れることができません。

東洋美術のファンなら、江西南昌が十七世紀の天才画人八大山人《はちだいさんじん》の生まれた場所であることを、すぐに思い出すはずです。八大山人の本名は朱耷《しゅとう》、ずいぶん遠縁ですが、明《みん》の王室の一員でした。彼は一六二六年に生まれたといわれています。彼の生まれる二百数十年前、明の始祖朱元璋《しゅげんしょう》（洪武帝。一三二八――一三九八）が、自分の十六番目の子を南昌の王に封じました。けれども、八大山人が満十八歳のときに、明は滅亡してしまいます。それ以後、彼は剃髪《ていはつ》して隠者の生活を送りながら絵をかきました。

八大山人はあざやかな個性のもち主で、それを絵画に表現したのです。なかには、抽象画と呼んでいいような作品もあります。中国の芸術史上でも稀有《けう》の人物を、江西の風土が生んだといえるでしょう。

南宋末の忠臣文天祥《ぶんてんしよう》（一二三六――一二八二）も、江西省吉水《きちすい》の人です。宰相として、傾く南宋のために尽力し、各地で元《げん》軍と戦い、捕えられても屈することなく、ついに殺されました。元の皇帝フビライは、彼の才能を惜しんで、元に仕えるように、なんどもすすめたのですが、文天祥はそれを拒みつづけ、獄中で「正気の歌」をつくったのです。文天祥の物語は、戦前、日本の尋常小学校の国語教科書にも収められていましたから、年配の人にとってはなつかしい名前でしょう。

江西省は不幸な日中戦争の戦場にもなりました。一九三八年（昭和十三）、漢口作戦の一環として、第一〇一師団と第一〇六師団の日本軍が、廬山《ろざん》と瑞昌方面から鄱陽湖《はようこ》西の徳安に兵を進めたのです。激戦で、飯塚部隊長が戦死しています。翌一九三九年には、いわゆる南昌作戦がおこなわれ、日本軍は南昌まで進みました。一九四二年には、

――主として浙江《せっこう》省方面の主要航空根拠地を覆滅して、アメリカの日本本土空襲の企図を封殺すべし。

という目的で、浙贛《せっかん》作戦がおこなわれ、このときも江西省は戦場となりました。これらの作戦に従軍させられた人たちは、江西という名をきけば、いまわしく、そして苦しかった過去を

思いおこすでしょう。

江西という地名には、そんなさまざまな連想がありますが、やきものに関心をもつ人なら、

——景徳鎮《けいとくちん》

という地名を、反射的に頭にうかべるでしょう。

いや、景徳鎮は知っているけれども、それが江西省にあることを知らない人のほうが多いかもしれません。私は何人もそんな人に会いました。なかには、景徳鎮はてっきり浙江省にあると思いこんでいた人もいます。おなじ名磁の産地であり、それほど遠くない竜泉窯《りゅうせんよう》と混同したのでしょうか。

3

歴史の流れをたどるのが、私は大好きです。ことばの矛盾のようですが、歴史に関心をもつことは、いまの時代とそこに生きている自分が、歴史とどうつながっているかを知るたのしみと同時に、現代や私たちから隔絶された、一つの切り取られた世界をながめるというたのしみがあります。

何年も前から、景徳鎮への旅を計画していました。

景徳鎮という地名は、私にとっては「中国のやきもの」ということばに、ほぼひとしいといってよいでしょう。これは私だけに限らないようです。中国にはやきものを産した窯場《かまば》が、ほかにもたくさんありました。いまでもあります。

定窯《ていよう》、汝窯《じょ》、鈞窯《きん》、建窯《けん》、越州《えつしゅう》、耀州《ようしゅう》、磁州《じしゅう》、吉州《きつしゅう》の窯、それに前記の竜泉窯など、古い歴史をもった場所はすくなくありません。それでも、景徳鎮ほどやきものと関連して、日本に親しまれている地名はないでしょう。前記の諸窯は、専門家のほか知る人はすくないのですが、景徳鎮だけは、例外的にポピュラーであるといえます。

私は景徳鎮に歴史の遺跡を期待していたのではありません。遺跡らしいものは、ほとんどないことを知っていました。十九世紀の後半、太平天国戦争のときに、景徳鎮のまちは破壊し尽されたのです。戦闘によって破壊されたのではありません。太平天国を鎮圧したあと、清朝政府がこのまちに「懲罰」を加えたのです。景徳鎮の労働者が、太平天国に荷担したのを憎んだ清朝政府の、報復的な破壊だったといわれています。

景徳鎮へ行く前の年、私は新疆ウイグル自治区へ、二度目の訪問をしました。じつはその年に景徳鎮へ行く予定だったのです。北京に着いてから、急遽、目的地が変更されて、西域行きになりました。この間の事情は拙著『シルクロードの旅』に述べています。

西域旅行は、ウルムチからカシュガル、そしてジープでタクラマカン砂漠《さばく》を走って、ホータンへ行ったもので、シルクロードといったほうがわかりやすいでしょう。

私は学生時代から、西域にあこがれていました。戦時中でしたから、本もかんたんに手にはいりません。もっぱら図書館を利用して、この地方の歴史や紀行を読みあさったものです。そんなわけで、私の頭のなかには、シルクロードの歴史が、いっぱい詰っていたといえるでしょう。

それでも、西域への旅に出かけるとき、私はそこに遺跡を期待しませんでした。この地方では、遺跡らしいものは、砂に埋まってしまうことを知っていたからです。

いにしえを偲《しの》ぶには、べつに地上の建造物を仰ぎ見る必要はありません。私の頭のなかにおさまっている歴史が、そこにくりひろげられた風土に接するだけでよいのです。

五世紀の法顕《ほっけん》や七世紀の玄奘《げんじょう》が、その著作に書きしるした西域諸国の伽藍《がらん》は、イスラム教がはいったとき、「偶像の殿堂」として、すべてこわされてしまいました。人為的な破壊のほかに、風や砂の暴威による破壊もあったでしょう。

地上になにもなくても、私はカシュガルやホータンに立って、砂漠を見渡すだけで、しあわせでした。遠くは、大宛《だいえん》に遠征する漢の将軍李広利《りこうり》の率いる軍隊が、そこを通ったのであり、近くは馬仲英《ばちゅうえい》将軍がスウェン・ヘディン隊のトラックを奪って逃げた道がそこにあるのですから。

景徳鎮だっておなじでしょう。十九世紀後半に、そこの窯業が潰滅《かいめつ》的な打撃を受けたとしても、風土まで変えられたことはないはずです。煉瓦《れんが》や木の建造物は壊されても、人間がおぼえた「技《わざ》」まで消し去ることはできません。

いまも景徳鎮は、やきものを生産しています。長い歳月のあいだ、うけつがれてきたやきものの技は、やはり歴史の息吹きを、私たちに伝えるでしょう。景徳鎮に近い山なみも、田畑の緑や、流れる水も、中国のやきものにつながりをもっているはずです。

西域の砂漠に身を置くだけで満足したように、私は景徳鎮とその周辺の風景を目におさめるだけで満足するつもりでした。私はやきものの専門家ではありません。やきもののもつ魅力に惹《ひ》かれた、一人の愛好者として、巡礼のつもりで、やきもののふるさとを訪ねようとするのです。

——どうして八月に景徳鎮へ行くのですか？　ひどい暑さですよ。いつでも行けるのでしたら、夏は避けたほうが賢明でしょう。

景徳鎮に数年間住んだことのある人からそう言われました。

いつでも行けるような、結構な身分ではありません。スケジュールの按配《あんばい》が、うごかせないようになっていました。

暑さがなんでしょうか。やきものは焔《ほのお》から生まれるのではありませんか。私は負け惜しみもあって、

——景徳鎮へ行くには、炎天にかぎる。

と、勝手に思いこむことにしました。

行く前から、さんざん威《おど》されて、暑さについては覚悟していましたが、やはりたいへんな酷暑でした。ことにことしの——一九七八年は、雨量がきわめてすくなく、そのためふつうの年よりも暑さがきびしかったそうです。

「何ヵ月も雨が降っていませんから、乾ききっています。埃《ほこり》をかぶることは覚悟してください」

南昌を出発するとき、案内の小王《シャオワン》がそう言いました。女性なので、年齢をたずねるのは遠慮しましたが、二十代の前半でしょう。活発なお嬢さんです。彼女は英語ができるので、南昌の渉外関係の機関に勤めていますが、もともと景徳鎮の人だということでした。いまも家族は景徳鎮にいるそうです。だから、景徳鎮への案内役として、うってつけの人といえるでしょう。

彼女の予告どおり、道中の半ば以上は、砂けむりに悩まされる自動車の旅となりました。南昌市と景徳鎮市の近くは、アスファルト舗装ですが、そのあいだに、未舗装の道路がかなり長くつづくのです。

午前、南昌市を出発し、おひる、万年県の招待所で食事をとり、たっぷり二時間ひるねをしてから車に乗っても、まだ日の高いうちに景徳鎮に着きます。

万年県はその北に万年峰という山があるので、そう名づけられたそうです。招待所はむかしの県の役所だったといいます。あたりに民家はあまりありません。じつは、万年県城と呼ばれるまちは、数キロはなれたところに移転したということです。そして、道路からあまり遠くない、むかしの役所を、招待所として利用しているのでした。

二時間のひるねは、どうも長すぎるようですが、ここまで来てセカセカすることはないでしょう。車の用意ができるまで、玄関のベンチで休んでいましたが、そのあいだ、小王は熱心に英語の参考書を読んでいました。どうやら、中国はいま勉強の季節にはいったようです。あちこちで、おなじようなシーンにぶつかりました。

十七世紀、顧祖禹《こそう》によって書かれた、歴史地理書ともいうべき『読史方輿紀要《どくしほうよきよう》』によりますと、万年県城は、周囲の城壁が二里に及ばなかったということです。当時の里は五百メートルあまりですから、二里といっても一キロあまりにすぎません。正方形のまちとしても、一辺が二百数十メートルのちいさなものでした。

江西の民家は、両側の壁がいかめしくそそり立っている形式のものが、とくに目につきました。はじめは廟《びょう》か寺かとおもいましたが、それにしては数が多すぎるので、案内の人に訊きますと、やはりふつうの民家だということでした。小さな家を、せめて両側の壁だけりっぱにして、大きく見せようとしたのでしょうか。あるいは、なにか風土的な理由があって、このような造り方をしたのかもしれません。

4

江西省の面積は十六万平方キロあります。日本全土の総面積が三十八万平方キロですから、その四割以上にあたるわけです。

現在の中国の行政単位は、省の下にいくつかの地区があり、その下に市や県があります。大きな市は地区と同格です。江西省には六つの地区（九江・宜春《ぎしゅん》・井岡山《せいこうざん》・贛州《かんしゅう》・撫州《ぶしゅう》・上饒《じょうじょう》）があり、万年県は上饒地区に属し、景徳鎮もおなじ地区にあります。

清代は饒州府と呼ばれ、鄱陽《はよう》、余干《よかん》、楽平《らくへい》、浮梁《ふりょう》、徳興《とくこう》、安仁《あんじん》、万年の七県がありました。

景徳鎮は浮梁県に属していたのです。これは明代《みん》もおなじでした。

春秋時代は楚《そ》の東境でしたが、春秋末期は呉《ご》に属したことがあります。戦国時代は再び楚に属し、秦《しん》の天下統一によって、ここに九江郡が置かれました。漢代は予章郡《よしょう》に属したのです。

郡県制度といって、秦は天下を三十六郡に分けました。ひろい中国を三十六分したのですから、一郡といってもたいそうひろいのです。秦そしてその制度をほぼ踏襲した漢代の郡は広範囲で、九江郡や予章郡は現在の上饒地区よりずっとひろかったのです。

三国時代、この地方はもちろん孫権《そんけん》（一八二――二五二）の呉に属しましたが、予章郡を分けて、この地方に鄱陽郡が置かれました。南北朝時代は、南朝――いわゆる六朝ですが、呉州と呼ばれたり、鄱陽郡と呼ばれたりしたものです。

隋が南北を統一したとき、はじめて饒州《じょうしゅう》という名を用いました。

――物産豊饒《ほうじょう》

ということから、この字を選んだのです。

隋の二代目の煬帝《ようだい》（五八〇――六一八）は、また鄱陽郡に戻しました。

唐初、武徳五年（六二二）、高祖は再び饒州としました。その後、ときどき鄱陽という名称が使われましたが、それも八世紀の唐の玄宗《げんそう》時代の十数年、宋・元の一時期、明《みん》初などごく短い期間で、饒州と呼ばれていた時期のほうが圧倒的に長かったのです。

万年県から景徳鎮へ行くには、鄱陽湖にそそぐ楽安江《らくあんこう》を渡り、楽平《らくへい》県を経由します。期待が強いせいか、楽平をすぎると、なんとなく、やきものの雰囲気がかんじられるような気がしてきました。

——饒玉《じようぎよく》。

むかしの人は、景徳鎮でつくられたやきもののことをそう呼んでいました。景徳鎮は前述したように、かつて饒州に属していましたが、そこの玉《ぎよく》だというのです。

玉はむかしから中国人が好んだものでした。長安の近くの藍田《らんでん》あたりにも玉を産しますが、古代の貴族階層の需要は、それだけではまかないきれません。はるばる崑崙《こんろん》山脈の麓《ふもと》にある于《う》闐《てん》(現在の新疆ウイグル自治区和田《ホータン》地区)からはこんで来ました。西域の交易路は、ドイツの地理学者が造った「絹の道」——シルクロードということばが有名ですが、それは同時に西から東への「玉の道」でもあったのです。空に飛ぶ鳥なく、地上に走る獣なし、といわれた難路がつづいています。そのような危険をおかしてまで、玉がはこばれたのは、いかに中国人が玉を熱愛したかを物語っているといえるでしょう。

玉はダイヤモンドやサファイアのように、ぴかぴか光るものではありません。玉の光はきわめておだやかです。西洋流にいえば、鈍い光でしょう。けれども、それだけに潤いがあります。人びとの心を吸い寄せるものが、その内面にひそんでいるようです。その光沢は、ときにあたたかささえかんじさせます。ふと手をふれてみたくなるものです。

けれども、崑崙からはこばれた玉は、たいそう高価でした。それを手に入れることができたのは、王侯貴族、富豪たちだけだったのです。貧しい庶民たちには、玉は高嶺《たかね》の花でありました。彼らはじっさいに玉を手にすることはなかったでしょうが、王侯貴族たちが身におびているのを見る機会はあったにちがいありません。それだけに、庶民の玉にたいするあこがれは、ますますたかまったことでしょう。

中国の古代の人は、この高貴な玉にたいする信仰がありました。死者の口に玉を含ませると、屍体《したい》が腐らないという迷信や、皇帝や王侯が死ねば、玉片を綴り合わせた玉衣を着せて葬るといった迷信がありました。

雲の上の世界の玉を、この我が手にとる。——

庶民はこの願いを、やきものにもとめていたのです。景徳鎮のやきものを、「饒玉《じょうぎょく》」と呼んだ庶民の心の切《せつ》なさが、痛いほどわかるではありませんか。

楽平《らくへい》を北上すること約三十キロで、饒玉を産した景徳鎮に着きます。それまでに、昌江《しょうこう》の流れに出会いました。昌江は景徳鎮の北に沿っているのですが、自動車は二度ばかり橋を渡ったようです。

昌江は、楽平の手前で渡った楽安江《らくあんこう》とおなじように、鄱陽湖《はようこ》にそそぎます。いや、この二つの河川は、その前に波陽というまちのあたりで合流して、鄱江と呼ばれる河になって湖に流れこんでいるのです。それればかりではなく、この二つの河川は上流のほうでも、もつれ合っています。

水が豊かであることが、豊饒《ほうじょう》につながるのでしょうか。万年県の招待所の人に、土地の名産を訊きますと、

「まず貢米酒ですね」

と、お酒の名をあげました。貢米というのは、封建時代、皇帝に進貢したものでしょうから、品質は極上のものであるはずです。そんな米を原料にしたお酒ですから、名産第一にあげるほどおいしいのでしょう。

ちょっと一杯、試してみたいところですが、白昼のことでもあり、それにたいそう暑いので、そのことを申し出るのは、遠慮することにしました。

ことしは雨量がすくないので、昌江の水もいつもよりは痩《や》せているということでした。この

ような異常気象でなくても、昌江は時期によって、水位の高低の差がかなりある河だそうです。

景徳鎮のあたりを、むかし浮梁《ふりょう》県と呼んだことは前述しました。唐初は新平県と称し、玄宗（六八五――七六二）の開元四年（七一六）に新昌県と改め、おなじ玄宗の天宝初年――七四〇年代に浮梁県と再び改名したのです。

浮梁とは、浮き橋のことにほかなりません。水面に筏《いかだ》をつないでならべ渡し、そのうえに板をのせて橋としたものです。解放前までは浮き橋も利用されていましたが、いまは石橋ができています。なお県名としては、もうなくなりましたが、ちょっとした集落の名前にまだ浮梁ということばが、いまでも残っているそうです。

景徳鎮に近く、なんの変哲もない山がならんでいて、その山なみに、これまたなんの変哲もない高嶺《カオリン》という名がつけられています。ところが、このカオリンということばは、いまや世界に通用するようになっています。こころみに、手もとにある英和辞典でしらべてみましょう。

Kaolin（e）　高陵土〔磁器の原料にする粘土〕，陶土，磁土

となっています。

景徳鎮がやきもののまちとなったのは、高嶺という山と、昌江という河のおかげでしょう。山にはおびただしい磁土があり、河によって製品は鄱陽湖《はようこ》を経由して、長江という中国の大動脈につながります。

景徳鎮近辺の山水は、とくに際立ったところはなく、きわめて平々凡々なものです。自己主張をしているすがたはみられません。それでも、この山水なくしては、景徳鎮はなかったのです。

第二章

1

景徳鎮にも神話時代があります。

神話ですから、明確な証拠はありません。

この地で、いつごろから、やきものが造られたのか、やはりまず神話時代から説きおこすのが順序でしょう。

証拠はありませんが、景徳鎮の関係者は、ここでは漢代からやきものが造られていた、と信じているようです。

清代、湖南の醴陵《れいりょう》というところで、粗悪なやきものがつくられていました。質が粗《あら》く、体《たい》の厚いもので、釉《ゆう》の色は淡黄でくろずんでいるといったしろものです。『景徳鎮陶録』という

清代の著書には、そのことを記し、

――正に吾が昌南が漢時に在《あ》って、只《た》だ邇俗《じぞく》粗用を供せしが如し。

と、述べています。

昌江の南にあった景徳鎮のことを、昌南と呼んだ時期もあったのです。いまお隣りの醴陵で造っている田舎やきものは、千数百年も前に、われわれ景徳鎮の祖先がつくっていたようなものだ、というのです。

『景徳鎮陶録』は、藍浦《らんほ》という人の原著で、門人の鄭廷桂《ていていけい》が補輯《ほしゅう》した書物で、嘉慶《かけい》二十年（一八一五）に上梓《じょうし》されたものです。右のようなことを書きながらも、この本の巻五の「景徳鎮歴代窯考」のところは、六朝時代の最後の陳王朝の至徳元年（五八三）から筆をおこしています。いわばこのころから、景徳鎮の歴史時代にはいるのです。それ以前が神話時代といえるでしょう。ところで、歴史時代の第一頁には、つぎのように書かれています。

――陳の至徳元年、鎮に詔し、陶礎を以て建康に貢せしむ。

南北朝時代の南朝の六つの政権は、すべて建康《けんこう》すなわち現在の南京《なんきん》を国都としていました。当時の景徳鎮のあたりは新平鎮と呼ばれていたのです。その新平鎮に、朝廷から詔がくだって、陶礎を貢物《みつぎもの》として納めよということになりました。陶礎というのがなにであるか、どうもよくわかりません。おそらく宮殿造営用の建築材料だったのでしょう。『景徳鎮陶録』は、右に引用したところで筆をとめています。

じつはまだそのつづきがあったのです。そのつづきというのは、景徳鎮に都合がわるいので、陶録では省略したのでしょう。『江西通志』は正直にそのつづきを記しています。

……巧みなれど堅ならず。再び製《つく》らしむるも用に堪《た》えず。乃ち止《や》む。

結果は、献納品も役に立たなかったのです。

巧みであったというのですから、造り方は上手であったわけです。ただ堅さに難点があったので、再製を命じられましたが、やっぱりいけませんでした。それで、献納のことは中止になったのです。おそらく熱度が足りなかったのでしょう。

陶礎ははっきりわかっていませんが、その字からみれば、建築のうえで基礎になるような、かなり重要な部分の材料と思われます。ですから、形はよくできていても、脆《もろ》くては役に立たないのです。

景徳鎮にそのような詔がくだったのは、そのころ陶磁の製造で、かなり名が通っていたからでしょう。大事な宮殿を建てる材料を、まったく未経験の土地に造らせることはありえません。製造命令は大量であったはずですから、それだけの設備がなければ応じることはできないでしょう。

至徳元年以前に、景徳鎮に相当の規模の窯《かま》があったことはまちがいありません。しかし、いわば神話時代なので、くわしいことはわからないのです。

明《みん》の洪熙《こうき》元年（一四二五）に、景徳鎮官窯の守護神をまつるというので、師主廟が建てられました。師主というのは、陶業の開祖と考えられた人物でしょう。その人物は、姓は趙《ちょう》、名は慨《がい》、字《あざな》は叔朋、かつて晋朝に仕え、道仙に通じ、秘法をもって生霊《いきりょう》を済《すく》った、ということになっています。

趙慨はおそらく景徳鎮の住民に、陶磁製造の方法を教えたか、あるいは大きな改善をしたとかいった人物でしょう。はたして実在した人物かどうか、『晋書』にもその名は見あたらないようです。しかし、そのような「神話時代」に、陶磁業に大きな貢献をした人物が、何人かいたのはとうぜんのことで、趙慨はその代表者とみてよいでしょう。日本の瀬戸にも開祖藤四郎伝説があります。ともあれ、その伝説的人物が、晋朝に仕えたというのですから、景徳鎮陶磁業の開始時期は、晋代であった可能性が濃厚です。

三国時代の魏のあとをうけて、司馬炎《しばえん》（晋の武帝。二三五――二八九）が建てた王朝が晋です。その建国は西暦二六五年のことで、やがて南方の呉を併合して、天下を統一しました。（三国時代のもう一つの蜀漢は、魏のときにすでに併合されています）けれども、それもしばらくのあいだで、皇族間に内訌《ないこう》がおこり、それに塞外《さいがい》民族の侵攻があり、洛陽《らくよう》を放棄して南へ逃れ、建康（南京）に政権をつくりました。これが三一七年のことで、それ以前を西晋、以後を東晋と呼んでいます。東晋が劉裕《りゅうゆう》（宋の武帝。三五六――四二二）にほろぼされたのは四一九年のことでした。ですから、晋代といっても、三世紀の半ばから五世紀のはじめにかけての長い期間です。趙慨が実在の人物であったとしても、晋のいつごろの人だったかわかりません。

景徳鎮の歴史の一つの目安となる陳の至徳元年（五八三）は、日本の推古天皇即位と伝えられる年の、ちょうど十年前にあたります。日本の歴史も、ようやくそのころから、くわしくなるのです。それ以前は、「謎の五世紀」といわれて、巨大な古墳は残っていますが、歴史のデテールはよくわからないようです。中国の史書には、当時の南朝に、倭王《わ》がときどき使節を送ったことが記録されています。五人の倭王の名がみえるので、「倭の五王」の時代という呼び方もあるようです。それでも、たとえば最初に出てくる倭王讃が、仁徳天皇なのか応神天皇なのか、諸説いりみだれています。

日本で聖徳太子が新しい国づくりをはじめたころ、景徳鎮も神話時代を脱して、歴史時代に足を踏みいれたといってよいでしょう。

さて、景徳鎮に陶磁を注文した陳王朝は、じつはそれどころではなかったのです。南北朝といっても、武力的には北のほうが強かったのですが、北朝の北魏が東西に分裂し、それぞれ北周と北斉に乗っ取られていたので、どうやらバランス・オブ・パワーが保たれている状態でした。北は二つで、南は一つだったわけです。ところが、北周が北斉を併呑《へいどん》して一つになったのが五七七年のことでした。しかも北周は皇后の父親である楊堅《ようけん》（五四一——六〇四）に国を奪われました。楊堅こそ隋の創始者である文帝だったのです。有能で積極的な人物でした。そんな人物に統率された隋が、宿願の天下統一をはたすために、南下して来るのは目に見えています。

隋の建国は五八一年のことでした。

その二年後、南方では国防充実などのためではなく、ぜいたくのための宮殿建設資材を献納させ、民力を疲弊させていたのです。

当時の陳王朝の皇帝は陳叔宝《しゅくほう》という名ですが、帝号も廟号もなく、ふつうただ「後主《こうしゅ》」と呼ばれています。帝号や廟号は、死後、子孫が贈るものですが、陳叔宝は国を失いましたので贈ってもらえなかったのです。陳の後主――陳王朝最後のあるじ、という意味にすぎません。

陳の後主は南朝歴代皇帝のなかで、最もぜいたくな暮しをした人物として知られています。彼の趣味は宮殿づくりでした。

至徳二年、陳の後主は皇居の光昭殿の前に、臨春、結綺、望仙という名をつけた三つの楼閣を建築させています。景徳鎮への陶礎注文はその前年ですから、おそらくその三楼閣建設用のものでしょう。

その三楼閣は高さそれぞれ数十丈あったそうです。それが連らなり延べること数十間であり、窓や壁にほどこされた飾り、欄干などはみな沈香《じんこう》や檀《だん》といった香木でつくられており、金玉で飾り、珠翠《しゅすい》をまじえ、外に珠簾《しゅれん》を施し、内に宝牀《ほうしょう》、宝張あり、その服玩《ふくがん》の瑰麗《かいれい》なこと、近古いまだなかったところ、といわれました。微風がちょっと吹くたびに、そのかおりは数里ににおい、楼閣の下には石を積んで山とし、水を引いて池とし、奇花異卉《きかいき》をまじえて植えるといった豪華さです。

皇帝はみずから臨春閣にいて、最も寵愛《ちょうあい》された張貴妃は結綺閣にいました。龔《きょう》と孔《こう》という姓の二人の貴嬪を望仙閣に住まわせ、この三楼閣は複道という二重の廊下で往来できるようにしていたのです。ぜいたくの限りを尽したといってよいでしょう。

陳の後主のような人物は、どんなものでも、超一流でなければ気がすまなかったのです。その彼が造営しようとした楼閣の材料の候補にえらばれたのですから、景徳鎮の陶業もまんざらではなかったのでしょう。もっとも、最後のテストにはパスしませんでしたが、巧みであることは、一応、ほめてもらったのです。

2

後主が三大楼閣を築いた五年後に、陳は隋にほろぼされました。

南下する隋軍を、陳軍は長江上流の武漢《ぶかん》でけんめいに防いだのですが、あにはからんや、下流のほうから隋の文帝の息子の楊広の率いる軍隊が突入し、建康はあっさり陥ち、後主は捕虜になったのです。

この楊広が隋の二代目皇帝の煬帝《ようだい》でした。煬帝は大運河をひらくなど、この人も土木工事が大好きだったのです。歴史家は、そのために人民を疲弊させ、やがて国がほろびたのだと解説します。

短命王朝は、弁護してくれる子孫がすくないので、歴史のうえではだいぶ損な立場にあります。隋の煬帝が大運河をひらいたことは、長い分裂時代のあと、南北を結びつけたという功績もあったはずです。陳の後主も、「玉樹後庭花」などといった詩をつくって、なかなか文才があり、ただの暗君ではなかったでしょう。

陳も隋もともに三十余年の短命王朝で終わりました。

隋のつぎに天下を取った唐は、三百年近い長命王朝で、はなやかな時代であったことはよく知られています。

唐代の景徳鎮についても、あまりくわしいことは知られていません。『景徳鎮陶録』には、陶玉という人物のエピソードをのせています。唐の武徳年間（六一八――六二六）といいますから、唐の高祖の、建国まもなくのことです。

当時、新平と呼ばれていた景徳鎮の鐘《しょうしゅうり》秀里の住人陶氏は、

――土は惟《こ》れ白壌《はくじょう》、体は稍《やや》薄く、色は素（白）にして潤《うるお》う。

というやきものを焼造していて、これを「陶窯」と呼んでいました。おそらくその一族の者でしょう、陶玉という人物が、それを関中すなわち長安の首都圏へはこび、「仮玉器」と称し、朝廷にも献上したというのです。

仮玉器を「にせ玉器」と直訳すれば、ミもフタもありません。玉によく似たやきもの、と解するべきでしょう。中国のやきものは、玉にできるだけ近づくというのが、基本的な姿勢でありました。ですから「仮玉器」と称しうる製品をつくれたのは、理想に近づいたということになります。

この陶窯とならんで有名だったのは「霍窯《かくよう》」でした。景徳鎮の東山里の住人霍仲初《かくちゅうしょ》がつくったものです。

——窯瓷《ようじ》、色亦《ま》た素《しろ》く、土は墡膩《ぜんじ》、質は薄く、佳《か》なる者は瑩縝《えいしん》として玉の如し。

と、述べられています。

難しい字がならんでいますが、墡は堊《あ》という字とおなじで、「白土《しらつち》」の意味です。膩《じ》はなめらかなことで、よく「膩滑《じかつ》」と連用されますが、すこしあぶらを含んだなめらかさと考えてよいでしょう。どうもこれは、玉のもつ潤いを連想させる形容です。

瑩縝は、あざやかさと、きめこまかいことで、ずばり「玉の如し」にあたります。

武徳四年（六二一）、霍仲初たちにやきものをつくり、朝廷に進上するようにという詔がくだりました。この年は、唐に楯《たて》ついていた王世充《おうせいじゅう》（?――六二一）と竇建徳《とうけんとく》（五七三――六二一）が、洛陽で敗れ、ほんとうの意味で、天下を手中におさめた唐が、王者の威儀を示そうとしたのでしょう。戦勝の大宴会やら、さまざまな会合があり、それに用いる器《うつわ》を急いで調達する必要があったにちがいありません。

帝王ですから、ちゃちな物は使えません。調達する前に、きびしい調査があったはずです。各地の物産の評判などが検討され、それらを扱う商人たちも、きっと相談を受けたことでしょう。

陶録には霍仲初等と複数になっていますから、霍窯だけではなく、陶窯の製品も長安に送られたにちがいありません。陶録の説明を読んでいますと、この二つの窯《かま》の製品は、まるで双生児のようによく似ています。

まず色が白いこと、つぎに質が薄いこと、そして潤いがあることなど、どちらにも共通しています。しかも、これらの特色は、現在の景徳鎮まで、綿々とつづいているのです。人びとは景徳鎮といえば、反射的に色の白さ、薄さ、潤いのある艶《つや》を頭にうかべます。

じつは陶窯とか霍窯といった窯の品は、現在まったく伝わっていません。モノがないのですから、ただ想像するほかないのです。景徳鎮近辺の窯跡も、最も古いとおもわれるのが、やっと唐末ごろだといわれています。これから発見される可能性はありますが、いまのところ、唐初のものはひとかけらもありません。

モノがないことからすれば、唐代も景徳鎮はまだ神話伝説時代といえるでしょう。

唐代に景徳鎮が白磁《はくじ》を産したことに、疑問をもつ人はすくなくありません。童書業《どうしょぎょう》氏の『中国瓷器《じき》史概論』によりますと、唐代の景徳鎮はやはり青磁《せいじ》をおもに産していたと推定されるそうです。現在の考古学的根拠からは、

——南青、北白。

という言い方は、まだ打ち破ることができないと述べています。

南方は青磁、北方は白磁、というのが常識のようです。北方の白磁を代表するのは「邢窯《けいよう》」で、これは「銀のごとし」とか「雪のごとし」といわれました。

童氏は景徳鎮が白磁、または白磁に近いやきものをつくったのは、宋代になってからであろ

う、としています。

では、陶窯も霍窯も、まぼろしの白磁というほかないではありませんか。陶玉とか霍仲初《かくちゅうしょ》といった、ちゃんとした名前が出ますし、武徳四年といった年代も明記されています。国でも家でも、ある程度までレベルアップされると、自分たちをかがやかしい歴史で飾りたくなるとみえます。そんなとき、近い過去のことはよく知られているので、誰も知らない大昔をはでにえがき出すことになりがちです。神話のたぐいにしても、古い時代のことをとされているもののほうが、新しくつくられた疑いが濃いというのが、歴史学の常識といわれています。景徳鎮の陶窯と霍窯にかんするエピソードが、どちらも三百年近くつづいた唐代の、最も初期のころのことをとされているのが、いささか気がかりです。

陶玉や霍仲初の話が、伝えられたものなのか、つくり出されたものなのか、それは専門家にまかせましょう。将来、古窯の発掘で、裏づけられるかもしれません。いずれにしても、私たちは景徳鎮の人たちが、なにを強調したかったかを、陶窯、霍窯の話から察することができます。それは、白さ、薄さ、そして潤いということです。

3

昌江と高嶺のあいだを縫うようにして、自動車は景徳鎮のまちにはいりました。はじめは狭い道を、車が窮屈そうに通ります。巷というのでしょうか。古びているけれども、生活の息吹きのかんじられる家なみがつづきます。車窓からみると、それも傾きかけながら、たがいに肩を寄せ合っているかんじです。日用雑貨の店、漬物の甕《かめ》で間口がいっぱいの店、布靴を売る店、自転車修理の看板もみられます。期待していた「やきもののまち」という雰囲気は、そこにはまだありませんでした。

やがて広い通りに出ました。車はそこを東へ進み、しばらく行って左へまがりかけたところでスピードをゆるめてとまったのです。交通信号がありました。私たちは景徳鎮で、はじめて交通信号があるところに出たのです。シグナルが青になって、車は左折しました。勾配がかんじられます。

「賓館はすぐその上です」

ふるさとに帰った小王《シャオワン》は、はずんだ声で言いました。

車はやがて池のほとりに出ました。蓮《はす》の葉に覆われていて、水はほとんど見えません。池のなかに、朱塗りの柱に支えられた、二層の亭が建っていました。瑠璃瓦《るりがわら》の屋根のそりかえった、おなじみの中国のあずまやです。

　さきほどから、車窓に黒い煙が見え、ようやくやきもののまちに来たという気がしはじめていました。車のなかでも、すこしは熱気がかんじられたものです。

　蓮の葉の緑に覆われた池は、まるでその熱気をしずめるかのように、そっとひろがっています。あたりはしずかです。夏休み中なので、やはり子供のすがたが目につきます。

　丘の上というよりは、丘のふところのなかというかんじのところに、景徳鎮賓館がありました。ふつうここは交際所と呼ばれています。正面玄関に着く前、山道のようなところを通りましたが、そこは工事中のようでした。「新しい賓館をみごとに建てよう！」というスローガンが貼ってありましたから、新しいのが建つのでしょう。やきもののまち景徳鎮には、国の内外のお客さんがよく訪れるのにちがいありません。

　着く前に、そんなスローガンを見たものですから、現在の賓館はどんなおんぼろかと心配したのですが、これが堂々たるものでした。玄関もゆったりしていて、景徳鎮のやきものを飾っています。

　私たち夫婦は、三階の予備室のついた、ひろい部屋に通されました。バス、トイレつきです。

給湯は時間がきまっているようですが、不自由することはありませんでした。

景徳鎮の賓館で思い出すのは、そのすさまじい暑さでした。りっぱな建物ですが、やはり年代ものですから、冷房の設備はありません。もっぱら扇風機の力を借りるのですが、そのていどでは、とても眠れたものではなかったのです。

二日たって気がつきましたが、私たちは外出するとき、風通しをよくして、すこしでもすずしくなるように、窓をあけておいたのです。これがいけません。太陽熱は容赦なく部屋にはいりこみ、夜になっても私たちを悩ませるのです。窓の脇に黒いカーテンがついていました。外出のときは、その黒いカーテンで窓をふさいでおくべきだったのです。それに気づいてからは、すこしは暑さもしのげるようになりました。

――焔《ほのお》からうまれるやきもののまちだから、やはり暑いときに行ってよかった。

いまだからそんなことが言えるのですが、そのときはたいへんだったのです。それでもその暑さが、いまではなつかしく思い出されます。

山のふところに、かなり深く抱きこまれた地点にありますので、高みにあるといっても、市街を眺めることはできません。窓から見えるのは山道です。例の蓮池（池の名をきくのを忘れましたので、かりにこう呼ぶことにします）をめぐっている道でした。窓をあけると、草いきれです。植物の繁茂している場所のにおいは、どこでもおなじなのが、あたりまえのことなのに、ひどくうれしい気がしました。

景徳鎮で私たちの世話をしてくださったのは、外弁（渉外関係）主任で、この賓館の責任者をも兼ねている趙明氏と、陶瓷館長の張松涛氏でした。なにはともあれ、私たちはまずテーブルを囲んで、四方山《よもやま》ばなしをしました。私は自分がしろうとであることを、くりかえして強調したものです。これまでに、日本からこの地を訪れたのは、たいていやきものの専門家でした。私はただの愛好者にすぎません。

加藤唐九郎氏や小山冨士夫氏など、かつて景徳鎮を訪れたことのある日本の人たちの話が出ました。小山氏が亡くなったことは、こちらの人はまだ知らなかったのです。

――そうですか。小山先生からは、いろいろ参考になることをうかがいました。それに、あの人はさっぱりした人柄で、よくお酒を飲みましたねぇ。

と、張氏は声をおとして言いました。私も小山氏と飲んだことがあります。その痛快無比な飲みっぷりを思い出しましたが、景徳鎮にまで酒名は轟《とどろ》いていたのです。

4

南昌から景徳鎮へ来る途中、

——向湖南学習

というスローガンをよく見かけました。湖南に学べ、ということです。長沙を省都とする湖南省は、中国のなかでも、さまざまな点で先進的な地方であるといわれています。それにくらべると、江西省は後進的なところがすくなくありません。そこで、まず第一段階として、お隣りの湖南省に学ぼうというのでしょう。

ところが、景徳鎮にはいりますと、

——向醴陵学習

というスローガンが目につきました。

醴陵《れいりよう》に学べ、というのです。醴陵は湖南省の地名ですが、江西省との省境にきわめて近いところにあります。江西省の一ばん西の萍郷《ひようきよう》市から、ものの三十キロほどしかはなれていません。近ければ近いほど、学ぶのに便利なのですから、その近さにはべつに問題はないのです。

けれども、私は醴陵という地名に奇異の念を抱きました。

景徳鎮の人たちは、ふたことめには「瓷都《じと》」と、自分のまちを呼んでいます。「瓷」という字は、「磁」とおなじです。発音も意味も共通です。ただ中国では、「瓷」の字を使うケースのほうが、圧倒的に多いようにおもわれます。河北省の南、ほとんど河南省に近いところに、磁県というところがあり、そこにむかしから窯《かま》があったのです。磁州窯と呼ばれたもので、そこでつくられたやきものを磁器という用法もありました。それとまぎらわしいので、中国ではおもに「瓷」の字を使うのではないかとおもいます。

瓷都。——やきもののまち。これは自称であると同時に、他称でもあったのです。景徳鎮は自他ともに瓷都と認められていました。

さて、湖南の醴陵も、やきもののまちです。けれども窯の歴史はそんなに古くありません。歴史の時間の長さからいえば、景徳鎮にくらべると、醴陵はかけだし、といってよいでしょう。

清代の景徳鎮の人たちが、同業の醴陵をばかにしていた話はすでに紹介しました。『景徳鎮陶録』のなかに、醴陵がつくっているような粗悪品は、われわれ景徳鎮が千数百年前の漢代につくっていたようなものだ、というくだりがあります。

ついこのあいだまで見下していた当の相手の醴陵に、なにを学べというのでしょうか？　私のこの質問にたいして、景徳鎮の人たちは、思いなしか、すこし苦渋の色をみせたようです。

それでも、はっきりした返事がありました。

——あちらのほうが、近代化が進んでいるのです。

どうやら景徳鎮は、その名声と長い歴史のうえに、アグラをかきすぎていたらしいのです。

気がついてみると、「新参者が。……」と、軽くみていた醴陵に追い越されていました。

最近の中国では、陶磁器の産量にかけては湖南の醴陵と河北の唐山《とうざん》が双璧《そうへき》だったということです。唐山は一九七六年未曽有《みぞう》の大地震のあった地方で、かなり被害を受けていますから、醴陵はいま中国第一のやきもののまちということになります。

——量が多いだけですか？

という私の質問に、

——いいえ、質もすぐれています。

という返事がかえってきました。

後進の醴陵は、それだけに努力して、創意工夫をこらしたのでしょう。醴陵には独特のすぐれた技法があります。

——釉下彩細瓷
と呼ばれているものです。素胎にじかに色絵をつけ、そのうえに釉《ゆう》をかけて、千三百度で焼きます。絵はうわぐすりの下にありますから、剝落《はくらく》することがなく、いつまでもあざやかなわけです。また絵具に含まれている有毒顔料を、釉によってとじこめてしまうことになります。食器としても安全に使えるわけです。

こういえば、いたってかんたんなようですが、千三百度の高熱で、絵がくずれないで、本来のあざやかな色を維持するのは、たいそう難しいのです。それを克服して、新しい技法を開発したのが、醴陵の人たちでした。その努力を評価し、それに学ぼうというのであります。

瓷都と自負する景徳鎮が、かつて後進であった地方に学べといわれると、すくなからぬ心理的な抵抗があったのではないでしょうか？　そのことは遠慮して、ききませんでしたが、「向醴陵学習」の五字は、景徳鎮にとっては、ずいぶん刺戟になったはずです。

このスローガンは、町のなかだけではなく、あとで見学した工場の壁にも、大きな字で書かれていました。

江西省全体としては湖南省に学び、やきもののまち景徳鎮としては、醴陵に学ぶというのです。目標は、はっきりすればするほど、効果があります。学習の効果がはやくあらわれるように、景徳鎮ファンとしては期待せずにはおれません。

第三章

1

江西省には省都である南昌をはじめ八つの「市」があり、景徳鎮もそのうちの一つですから、正式には景徳鎮市と呼ばれています。市区の人口約二十万といいますから、典型的な中小都市といえるでしょう。

むかしは窯《かま》に火をいれる季節がほぼきまっていたので、その期間は労働者や商人が各地から集まって、人口が倍増するといった現象があったそうです。生産形態が変化した現在は、そのようなこともなくなったでしょう。

景徳鎮という地名の由来ははっきりしています。景徳というのは宋代の元号です。北宋三代目皇帝真宗《しんそう》（九六八――一〇二二）の時代で、景徳元年は一〇〇四年にあたります。この元号は四年しかつづきませんでした。景徳五年にあたる年の正月、皇居に瑞祥《ずいしょう》があり、紫雲が竜《りゅう》鳳《ほう》のごとく宮殿を覆ったので、「大中祥符」と四字の元号に改めました。

一帝一元号制は、中国では十四世紀後半の明《みん》代になってから始まったもので、日本では明治になってからです。それまでは、一人の皇帝の治世に、なんども改元していました。景徳という元号も、瑞祥があったので改めたといいますが、じつは四年に皇后の郭氏が死去しているので、ゲン直しのためであったのではないかと思われます。おなじ改元なら、縁起のよい理由でやりたかったのでしょう。なお四字の元号は、七世紀末の則天武后《そくてんぶこう》の時代にもありました。「天冊万歳」とか「万歳通天」といった元号です。日本でも半世紀ほど遅れて、「天平勝宝《てんぴょうしょうほう》」「天平宝字《てんぴょうほうじ》」「天平神護《てんぴょうしんご》」「神護景雲《しんごけいうん》」といった元号が用いられました。これは孝謙《こうけん》・称徳《しょうとく》(同一人物の重祚《じゅうそ》)という女帝時代のことですから、則天武后のことが意識されていたかもしれません。

景徳年間、献納する磁器の底に、「景徳年製」の四字をいれるように朝廷から命じられたということです。その磁器がすぐれているので、いつのまにか景徳鎮磁器として天下に知られるようになり、それまでの昌南という地名が消えたのだと伝えられています。しかし、かりにも元号ですから、勝手に使用できなかったはずです。おそらく、景徳という名は許可を受けたか、あるいは下賜されたものと考えるべきでしょう。

宋代にはこのように元号を地名につける例がありました。魯迅《ろじん》の生まれた土地で、酒どころとしても有名な紹興も、もと越州と呼ばれていたのを、南宋の紹興年間に高宗が一時滞在したのを記念して、紹興と改名されたのです。いまの寧波《ニンポ》市も、南宋のときは当時の元号で、「慶元」と呼ばれていました。

当時はやきものによる税収が、献納品をも含めて、国家財政にかなりのウェイトをもっていたのでしょう。慶元（寧波）は重要な貿易港でしたし、紹興は酒造業の中心地です。元号を地名に与えられたところは、みな経済的にすぐれた機能をもっていたという共通点があります。

景徳鎮も宋代になりますと、完全なモノが残っていますので、ようやくほんとうの歴史時代にはいったといえるでしょう。まちの南方の湖田《こでん》、楊梅亭《ようばいてい》などの古い窯跡から、唐末の陶片が出ますが、完全なものではありません。唐末とはいうものの、五代から宋初にかけてのものと考えたほうがよいという説もあります。

景徳鎮にかぎらず、中国の陶磁器は、宋代になって、一斉に花が咲いたような盛観をみせます。なぜでしょうか？　すぐれたものが、大量につくり出されるようになったことについては、理由がなければなりません。

技術の進歩をその理由に挙げる人もいます。また北方における石炭の使用が、宋代に普及したことをかぞえる人もいます。けれども、技術を改良させたり、燃料に工夫をこらしたりさせる原動力というものは、なんといっても需要が飛躍的にふえたことにあるのではないでしょうか。

唐王朝が世界帝国であったことは、あまりにも有名です。首都長安は国際都市で、各国の人たちが集まっていました。紫髯緑眼《しぜんりょくがん》の胡人《こじん》もすくなくなかったのです。彼らのための祆祠《けんし》(ゾロアスター教会)もありました。イラン系美女、いわゆる胡姫《こき》の酒肆《しゅし》(酒店)があったことは、李白の詩などにもロマンチックにうたわれています。

唐の朝廷では外国人も重用されていました。日本人の阿倍仲麻呂《あべのなかまろ》(六九八——七七〇)も、帝室文書館長に相当する秘書監という高いポストにつきました。反乱をおこした節度使の安禄山《あんろくざん》(?——七五七)も胡人と突厥《とっけつ》人との混血児だったのです。いや、唐朝では彼らを外国人とも思っていなかったでしょう。だから、非漢人といったほうが適当です。そんな世界帝国でしたし、版図はひろがり、西方世界とも盛んに交易をしたものです。

さまざまな交流がありました。西域諸国は珍奇なものを長安の朝廷に献上しました。ライオンもはいっています。幻人《げんじん》といって、おそらく魔術師とおもわれる人間まで、進貢品目にのっています。民間ベースの交易も栄えました。シルクロードには隊商《キャラバン》の列がつづきました。駱駝《らくだ》にのった胡人や、駱駝をひいている胡人の像が、唐三彩につくられているのは、ほうぼうの歴史書や図録に紹介されているとおりです。

後世にシルクロードと名づけられたように、東西の陸路による交易は、東から西への主要商品は絹でした。やがて、中国の陶磁器が、輸出品目に加わりました。きっと唐代のことであったとおもわれます。

陶磁器は絹とちがって、かさばりますし、たいそう重い商品です。駱駝の背にのせて、一日になんどもあげおろししていては、破損のおそれもあります。シルクロードにはむかない商品でした。

陸路には困難がありますが、海路なら問題はありません。船に積みこみ、到着地で荷揚げすればよいのです。当時、海上交通も盛んであったことは、いろんな記録にのこっています。広東の広州、福建の泉州、浙江の寧波あたりが、海路による交易の中国側の拠点でした。

中国の陶磁器は船に積まれ、西へはこばれ、それが好評を得て、つぎつぎと追加注文が来るようになりました。やきものにたいする需要は、いよいよたかまります。おそらく国内需要もふえたのでしょう。

各地に窯《かま》がつくられました。ライバルになるわけです。好評な商品に注文がくるのですから、うかうかしておれません。ほかの窯よりもすこしでも品質の良いものを、すこしでも多く生産したいのです。このような競争が、中国陶磁器の技術を向上させ、また産量をふやすことになったのでしょう。

英語の China は、陶磁器をも意味します。中国を見たことのない西方世界の人たちにとっては、中国といえば、まず連想されるのが、やきものだったことがわかります。

2

三上次男氏に『陶磁の道』（岩波新書724）という著作があります。東西交易ルートの陸路を絹の道というのであれば、海路は陶磁の道というべきであると述べておられます。まったくそのとおりです。エジプトをはじめアフリカ各地、アラビア、ペルシャ、東地中海沿岸からメソポタミア、トルコ、アフガニスタン、パキスタン、インド、セイロン（スリランカ）、そして東南アジア各地に、中国陶磁がはこばれていたのです。

カイロの南にフスタートの遺跡があります。そこは現在のカイロ市の前身ともいうべき土地で、七世紀にイスラム軍が建設した都市だということです。その遺跡からおびただしい陶片が発見されています。そのなかに中国の陶磁片も含まれ、最も古いものは唐代にさかのぼるということです。唐三彩《とうさんさい》、邢州白磁《けいしゅうはくじ》、越州窯磁《えつしゅうようじ》、黄褐釉磁《こうかつゆうじ》、長沙窯磁《ちょうさようじ》などがあり、なかでも越州のものが量的にとくに多いと報告されています。

海の交易ルートは、唐以前からもひらかれていました。

たとえば五世紀の初頭、長安から西域を経てインドへ求法の旅をした法顕《ほっけん》は、帰りは海路によっています。彼はガンジス河の河口の多摩梨帝（タームラリプティ）から、船でまず師子国（セイロン＝スリランカ）へ渡ったようです。セイロンに二年滞在して、漢土にない経文を集めてから、法顕は商人の大船に乗りました。彼の『仏国記』によりますと、その船は二百余人を乗せ、危険に備えて、一艘《そう》の小船を繋留《けいりゅう》して出発したそうです。

法顕の乗った船は、大風にあったり、水漏れに悩まされたりしながら、インド洋を東へ進み、耶婆提（ヤバドゥヴィーパ）に着きました。これはジャワ説とスマトラ説とがあります。その国にとどまること五ヵ月、法顕はほかの商人に従って船に乗りました。この船にも二百人ばかりの人が乗り、五十日分の食糧を準備して、広州にむかったのです。

商人の船というのですから、商品が積まれていたはずですが、出家の法顕はそんなことに興味はなく、なにも記録していません。けれども、法顕の旅行記によって、五世紀のはじめ、すでにセイロン——ジャワ——広州の交易路がひらかれていたことがわかります。もっとも法顕の乗った広州行きの船は、暴風雨にあって、広州ではなく、はるか北方の山東半島に漂着してしまいました。

三九九年に長安を出発した法顕が、山東半島に漂着という形で帰国したのは四一二年のことでした。東晋もすでに末年に近づいていたころです。陶淵明が「帰去来の辞」をつくって、故郷に引退してから六年目にあたります。そんな時代だったのです。

漂着した商人たちは、揚州へむかった、と法顕は書いています。揚州まで南下しなければ、商売にならなかったのでしょう。揚州といえば、のちに隋の煬帝《ようだい》がひらいた大運河の起点のまちです。日本となじみの深い唐招提寺《とうしょうだいじ》の鑑真和上《がんじんわじょう》も、このまちに生まれています。唐代、揚州には外国の商人の往来が多く、また居住者もすくなくなかったのでした。日本からの遣唐使も、揚州まで来てから、運河で長安へむかうケースが多かったそうです。そんなわけで、鑑真和上は日本へ行く前から、日本についての予備知識をかなりもっていたという説もあります。

中国では時代が下るにしたがって、「州」の名のつく地名がずいぶんふえましたが、太古にあっては、「禹貢《うこう》九州」と呼ばれて、全中国を九つの州に分けていました。ですから、その分類からすれば、景徳鎮も揚州の範囲にはいるのです。荊《けい》州にきわめて近い揚州になります。

法顕の時代、すなわち南北朝のころの揚州は、南朝の首都建康（南京）をもち、天下の中心といえたのです。商人はそこへ行けば商売があったのでしょう。それにしても、ジャワからやって来た商人は、どんな商品をもって来て、どんな商品を積んで帰るつもりだったのでしょうか？

景徳鎮をはじめ、中国各地のやきものが、そのなかに含まれていたかどうかわかりません。インドネシアのジャカルタ博物館には、漢代の緑釉陶器《りよくゆうとうき》や黒釉陶器《こくゆうとうき》が、ジャワ島やスマトラ島出土のものとして、展示されているそうです。漢代から海上の交易ルートがあり、やきものがはこばれたという可能性は、けっしてないとはいえません。五世紀初頭に、二百人乗りの商船が通っていたのですから、その二、三百年前にもあったと考えるほうが順当でしょう。

けれども例のフスタートをはじめ、世界各地の遺跡の陶片からみて、中国陶磁器の本格的な輸出は、唐代の八世紀になってから、というのが常識だとおもいます。

陶磁の道と呼んでもよい海上ルートの交易は、私たちが想像する以上に盛んであったのではないでしょうか。

鑑真さんの日本渡航は、なんども失敗して、六回目にやっと成功したのは有名な話です。第五次渡航失敗のときは、大漂流の末、船は海南島に流れ着きました。そのとき、鑑真さん一行を迎えた、振州の別駕《べつが》（地方次官）の馮崇債《ふうすうさい》は、別駕という官名をもっていましたが、じっさいには海南島は馮氏の小独立王国だったらしいのです。鑑真さんたちは、海南島から本土へむかう途中、万安州というところに寄りました。そこには馮氏一族の馮若芳《ふうじやくほう》という者がいましたが、この人はまぎれもなく海賊の大首領だったのです。

馮若芳の一党は、おもにペルシャ商船を狙《ねら》って襲ったようです。それが一ばんカネになったからでしょう。財物を奪い取るばかりか、乗っている人たちを連行して、奴隷にしたのです。鑑真さんの事蹟を述べた、『東征伝』という本によりますと、そうしたペルシャ人部落は、南北二日、東西四、五日の行程の地域に散在していたそうですから、ずいぶんおおぜいの人が連行されたことがわかります。

「陶磁の道」を通っていた船は、すくなくありませんでした。鑑真さんが海南島に漂着したのは、七四八年のことで、ちょうど八世紀の半ばだったのです。

二百年前の法顕《ほっけん》の時代にくらべて、航海術も発達していたにちがいありません。

そのころ、イランに君臨していたササン王朝が、マホメットのはじめたイスラム教を旗じるしにしたアラビア軍団のためにほろぼされてしまいました。そのため、海外に出る亡命者もすくなくなかったでしょう。

西方世界は正統カリフ時代からウマイア朝を経てアッバース朝とつづきました。西洋の史家はこれらのイスラム政権を、ひっくるめてサラセンと呼んでいます。むかし、ギリシャ人やローマ人が、アラビアの遊牧民を「サラセニ」と呼んでいたのが、その名称の由来です。

鑑真和上が第五回目の渡航に失敗し、再起を期して揚州へ帰る途中、失明したのが七五〇年のことでした。じつは、その翌七五一年、西域のタラスで、唐軍とサラセン軍とが衝突しました。そのときのサラセンは新興のアッバース朝です。タラスは天山山脈の西北で、キルギス共和国にあった、オアシス都市でした。

このタラスの戦いは、唐軍に属していたトルコ系のカルルク部族が寝返ったため、サラセン軍の勝利となりました。このとき、唐軍の捕虜のなかに紙漉《かみす》き工がいて、はじめて製紙技術が、イスラム教圏に伝わったのです。紙という文化的兵器のおかげで、イスラム教圏における学問や文化が、飛躍的に普及、発達することになりました。

哲学、数学、理化学、医学、天文学、あらゆる分野で、当時のサラセンは世界最高のレベルであったのです。航海術や造船技術が、基礎学問の発達によって、いちじるしく向上したのはとうぜんでしょう。

陶磁の道は、絹の道の王座を奪って、東西交易の幹線ルートとなりました。とくに七五五年、唐で安禄山《あんろくざん》・史思明《ししめい》（?——七六一）の乱が勃発してから、西域にたいする統制力が弛《ゆる》み、シルクロードの治安が悪くなったので、陶磁の道の重みはよけい増したのです。

3

唐代の小説には、ときどき胡人《こじん》が登場します。芥川龍之介の翻案した『杜子春《とししゅん》』にも、財宝を渡す場所をペルシャ人屋敷としていますが、胡人すなわち富豪というイメージが強かったようです。彼らが産をなしたのは、東西交易に従事したからにほかなりません。唐代小説で胡人が多く住んでいたまちの一つに、洪州《こうしゅう》の名があげられています。広州《こうしゅう》、揚州《ようしゅう》、洛陽《らくよう》、もちろん首都の長安などが、富める胡人の居住地ですが、洪州がそれと肩をならべているのです。洪州というのは、現在の江西省南昌市のことでした。

胡人が重点的に住んでいるのは、そこが物産の集散地であり、商品運送の要地でもあったからでしょう。洪州（南昌）は贛江《かんこう》をさかのぼり、珠江《しゅこう》系の水路に乗りかえ、そこをくだって広州につながっています。また贛江をくだれば鄱陽湖《はようこ》を経て長江《ちょうこう》（揚子江）につながり、揚州に結ばれるのです。

たしかに洪州は交通の要衝にあたっていました。けれども、そこで、どんな物産を集めたのでしょうか？

景徳鎮は、洪州都督の管轄下にありました。それだから、景徳鎮のやきものが、洪州にはこばれ、胡人たちに買われて、イランやエジプトに積み出されたという証拠にはなりませんが、可能性はじゅうぶんにあるでしょう。景徳鎮の窯跡には、唐末の陶片が発見されているのです。なにしろくわしい記録がありませんので、断片的な事実をつなぎ合わせ、推理でブランクを埋めるほかないのです。

それまでの内需に加えて、輸出用の注文がきたのであれば、陶磁器の産量もふえ、相場も高くなり、景徳鎮は活況を呈したのにちがいありません。

おおまかにいって、土から造られるのが陶器で、石から造られるのが磁器です。石から造るといっても、いったん石を粉砕して粉にして、それを材料とするのはいうまでもありません。景徳鎮はもちろん磁器を造っていました。「瓷《じ》」と「磁」はまったく同じだと前に述べましたが、古い時代にはこの二字は使い分けていたそうです。「磁」は山から切り出してきた石の塊《かたまり》を意味していたといいます。だから、石ヘンの文字が用いられているのでしょう。石の粉をこねて皿や瓶《へい》などを造りますが、その製品が「瓷」だともいわれています。けれども、現在の中国では、山から切り出した石の塊のことを「瓷石」と呼ぶことが多いようです。

景徳鎮の近くには、高嶺《カオリン》という瓷石（磁石とかけばジシャクと読まれそうなので、ここでは中国ふうの表現にしておきます）の宝庫がありました。宝庫だとか無尽蔵だとかいっても、それはどうやら量的なことで、質的には問題があるようです。良質な瓷石は先に採掘されるので、やはり早く底をつくことになりがちでしょう。

『景徳鎮陶録』が出版された十九世紀初頭には、量はともあれ、最も上質なものは徽州《きしゅう》の祁門《きもん》のものだとされていました。祁門といえば江西ではなく、安徽省《あんき》です。省は異なりますが、祁門は安徽の南端に近く、しかもそばを昌江が流れています。坪里山《へいりさん》と葛口山《かつこうさん》という二つの山から、良質の瓷石がとれますが、これは昌江にのせて、景徳鎮まではこぶことができます。

瓷石そのものを窯場まではこぶことはなかったようです。採石場の近くの渓流《けいりゅう》に水車小屋をつくり、そこで搗《つ》き砕いて煉瓦《れんが》状にかためたものを送り出しました。祁門の長石質のそれを「白不《バイドン》」baidǔnと称し、高嶺土とまぜて使ったのです。つい解放前まで、人間が槌《つち》で砕いたり、水車で搗いたりしていたのです。

現在は機械化されています。私たちが見学した瓷石礦廠は、もっぱら瓷石を粉砕し、袋に詰める作業をおこなっていました。それは工場で見ることのできる作業ですが、採石のためにその工場にいない人もいるわけです。瓷石礦廠の労働者は八百人あまりいるということでした。

工場の創立は一九五八年のことだったそうです。

この工場には、五基の粉砕機が据えられていました。原料の石をいれ、それが粉になって袋詰めされるまでの過程が一貫しておこなわれます。機械一基が四時間で、ほぼ三十トンの瓷石を粉にするそうです。機械の知識に乏しい私には、その機械の性能がすぐれているか、あるいは旧式なのかわかりません。ただ機械化の前の人力や水力を用いていた時代にくらべて、格段の増産になっていることはまちがいありません。

中国の陶磁器の名声が世界に知られ、輸出用の注文が殺到し、また宮廷御用の品が大量に製造を命じられたとき、どれほど多くの人が動員されたことでしょう。

明《みん》代から清《しん》代にかけて、この地に官営の窯《かま》が設けられた、いわば景徳鎮の黄金時代、これは推定ですが、製品の年産は二十万担《ピクル》ほどあったといわれています。一担は六十キログラムに相当しますから、当時としてはかなりの量でした。

そのころのすばらしい作品を、私たちは美術館で見たり、図録で見たりしています。あざやかな白が、景徳鎮のやきものの命で、それに接すると、私たちは一種のさわやかさをおぼえるでしょう。けれども、そのさわやかさには、瓷石《じせき》採取や粉砕作業という、泥と汗とが封じ込められているのです。

景徳鎮の瓷石礦廠で、私が興味をかんじたのは、五基の粉砕機のうちの一ばん端の一基が、女性ばかりによって操作されていることでした。粉砕工程で働く人たちは、白い帽子をかぶり、マスクをしているので、はじめはわかりませんでしたが、工場の主任さんに説明されて、それに気がついたのです。

全工程が女性だけによって運営、管理されているのですが、他の四基にくらべて、能率が低いとか、故障が多いとかいったことはまったくないということでした。

仕事の性質上、粉塵《ふんじん》が多いのはやむをえません。作業員のマスクはいうまでもありませんが、公害対策として、工場の建物には密閉装置のついた部屋があるそうです。

瓷石を積んでおく場所が必要なためでしょうか、この工場はひろびろとしています。見学のために一巡するのが、すこしくたびれるほどでした。あちこちに瓷石の山がありました。たいてい石垣用の石ほどの大きさに切ってありますが、もっと小さな塊《かたまり》の山もあります。瓷石は白に近い灰白色ですが、工場の主要建物が赤煉瓦なので、そのコントラストが意外に美しいものでした。

工場のひろい敷地の一角の瓷石の山を指さして、案内の主任さんが、

「この瓷石は、新しい場所でみつけたものです。ここの工場の工人が、十数キロはなれた土地

でさがしあてました」

と、説明しました。

その地名はきいたのですが、うっかりしてメモを取るのを忘れて、いまは思い出しません。なんでもきわめて良質の瓷石であるということです。私たちが見ても、ほかの山の瓷石と、それほど変わらないようですが、専門家が見ればわかるのでしょう。いつも瓷石を扱っているこの工場の工人が、専門家であるのはいうまでもありません。

陶録によりますと、祁門《きもん》の最上の瓷石は、その一部に「鹿角菜《ろくかくさい》」形の黒い模様があるそうです。そんな目じるしがあれば、さがしやすいでしょうが、新発見の瓷石には、それらしいものは認められません。やはり多年の経験によるカンに頼ったのでしょう。

新しい瓷石の「礦脈」は、偶然、みつかったのではありません。けんめいにさがしもとめて、やっと発見したのです。

4

千年以上前、輸出用に思わぬ大量の注文があった時期、各地の窯場は活況を呈したでしょう。人びとの心も高揚したにちがいありません。注文に応じることができるために、人びとは進んで、材料さがしに山から山へと渡り歩いたことでしょう。そして、不景気になると、瓷石《じせき》さがしの必要もなく、山に人影はなくなったはずです。

瓷石礦廠の工人たちが、いまほうぼうの山にわけ入っているという話をきいて、私は心強くおもいました。新瓷石礦脈の発見は、つい最近のことらしいのですが、景徳鎮の人たちの心が、げんに高揚しているにちがいないのです。

景徳鎮南郊の石虎湾《せきこわん》で、唐代の窯跡が発見されたのは、一九五三年で、陳万里氏がこれを調査しています。そこにあった青磁の破片は唐代の越州窯《えつしゅうよう》や岳州窯《がくしゅうよう》のものに似ているという報告でした。白磁の破片もみつかりましたが、陳氏はその専門的な観察によって、宋初のものであろうと推定しています。

景徳鎮は白いというのが私たちの先入観ですが、唐代にはおもに青磁をつくっていたようです。それもどうやら、すでに名声を得ている越州や岳州のものに似せようと努力したようにおもわれます。

茶の元祖といわれる陸羽《りくう》に『茶経《ちゃきょう》』という著述があります。文盲の多かった時代、中国の店舗は、看板は文字のかわりに、たとえば刃物屋なら鋏《はさみ》の恰好《かっこう》の板をぶらさげるようなことをしました。茶葉を売る店は、陸羽の像を看板にしたそうです。いわばお茶の神様でしょう。

『茶経』は、茶についての最古の著述であるのはいうまでもありません。
その『茶経』は上中下の三巻に分かれていますが、中巻は器について述べています。それによりますと、茶の容器としては、越州の青瓷《せいじ》が最上であるというのです。各地の窯の製品に、陸羽はランクをつけましたが、越州のつぎは鼎州《ていしゅう》、婺州瓷《ぶしゅうじ》、岳州青瓷、寿州《じゅしゅう》、洪州《こうしゅう》の順序になっています。寿州は黄色で、洪州は褐色なので最も劣るというのです。

陸羽がつけた茶碗のランクには、景徳鎮の名はありません。もちろん景徳鎮は宋代の命名ですが、それ以前の地名である昌南あるいは饒州《じょうしゅう》の名もみえません。『茶経』は七六〇年ごろの著作ですから、盛唐をすぎて、中唐にはいった時期です。県名も唐にはいってから、新平、新昌、浮梁《ふりょう》と三転しました。中唐は浮梁県のはずで、県名は変わっても、依然として饒州に属していました。その饒州は江南西道にあり、西道採訪使の駐在する都督府は洪州（南昌）にあったのです。

洪州都督府下に景徳鎮はあったので、『茶経』にいう洪州窯は、ひょっとすると景徳鎮の窯かもしれないという説があります。もしそうだとすれば、陸羽が褐色で最低だといったものに相当するわけです。景徳鎮の唐代と推定される窯跡の陶片に、褐色のものが多いのが、その説の論拠になっています。

洪州窯が景徳鎮であったという可能性は、一概に否定できませんが、私はその推測はやや無理ではないかと思います。兵庫県の丹波焼を、県庁所在地によって神戸焼と呼ぶようなものです。景徳鎮のものなら、せめて饒州という呼び方をするでしょう。ただし、唐代の窯跡は、かつての洪州都督府下では、景徳鎮以外ではまだ発見されていません。

陸羽が最低としたのは、お茶を飲む器としての基準から判定したものです。やきものは、なにもお茶を飲むだけのためにつくられるのではありません。けれども、陸羽が最上としてあげた越州窯は、歴史も古く、唐代では最も先進的な窯場であったことはたしかです。浙江省の紹興を中心とする、いくつかの窯があり、みごとな青磁をうみ出しました。陸羽は、「玉に類し、氷に類す」と絶讃しています。

後進の窯場の関係者が、トップを意識し、それに習おうとするのはとうぜんでしょう。景徳鎮の唐末窯跡の陶片は、施釉《せゆう》が薄く全面にかかっているところは、越州窯に似ていますが、おそらく真似ようとしたのにちがいありません。そして、やはり作りは越州に及ばないものだそうです。

唐代の景徳鎮は、いわばまだ修行時代であったといえるでしょう。

本来なら不合格品ですが、海外の買付けが多いので、なんとか納品できたといったところかもしれません。けれども、景徳鎮の人たちは、謙虚な学習心を忘れませんでした。それだからこそ、後年の黄金時代を迎えることができたのです。

近辺の山にわけ入った、窯業関係者の目の色のかがやきが想像されます。――新発見の瓷石の山を見て、私は時代を越えて、エキサイトした人の心の鼓動をかんじました。

第四章

1

景徳鎮に着いた翌日、私たちは「為民瓷廠《いみんじしょう》」という工場を見学しました。

この工場は、資本金の全額が国家の出資によるものだそうです。工場としての前史もあるのですが、現在の規模の主要建物がつくられたのは一九六四年のことで、その翌年から本格的な生産が始まったという説明でした。新しいタイプの窯業としては、まずこの為民瓷廠あたりが代表格のようです。

日本では工業としての大量生産の窯業と、陶芸家と称する人たちの小規模の制作とが併存していますが、中国でもおなじように両者がわかれています。景徳鎮では、私たちは前者の代表として為民瓷廠を見学したのです。この工場は従業員約二千人ということでした。スケールにいくらかの差はありますが、この種の工業としての窯業工場は、ほかに五つほどあるそうです。宇宙、紅星、建国などといった名のついた瓷廠です。一九六五年に、小山冨士夫氏が見学したのは、紅星瓷廠でした。このときの紀行に、小山氏は、

……工場長の案内で工場を一巡したが、製陶技術はわが国より進歩し、能率的だと思ったところもある。成形にしても施釉にしても、日本にない新しい技法を創案しており、これはすべて陶工が発明したもので、これによって能率が飛躍的にのびている。

と、しるしています。日本の製陶のすみずみまで知っている小山氏ですから、このような比較もできたのです。恥ずかしいことですが、私は陶芸家の個人的な窯《かま》はだいぶ見ましたが、日本の大量生産の製陶工場を見学したことはありません。ですから、比較を論じる資格はないのです。小山氏の見学から十三年の歳月が経過し、日本はあらゆる工業の分野で、高度成長をしており、技術の改革をおこなっています。それにたいして、中国では文革のあと林彪、四人組の停滞時代がありましたから、おそらくかなりの差がついているのではないでしょうか。

私たちを案内してくださった工場の責任者の話でも、四人組時代は供給される原料もすくな

く、それも良質のものがすくなかったので、製品も一級品の率が低かったということでした。一九七七年、この工場の生産量は、三千三百二十万件でした。巨大な花瓶《かびん》も小皿もおなじ一件とかぞえるのですから、この数字は私のようなしろうとには、つかみどころのないものです。私が見学したのは一九七八年八月ですが、すでに上半期の統計が出ていて、それによると、一千九百万件を生産したということでした。

——去年にくらべて、量はともかく、質がずいぶん向上しました。

という説明でした。

——機械《チチエ》化《ホア》還《ハイ》不《プ》够《クオ》。（機械化がまだ足りません）

ということばを、工程のどの部門でもきかされました。

「車間《ツオチエン》」——日本の人なら、このことばから車間距離などを連想するでしょうが、現代中国語で頻用《ひんよう》される「車間」は、工場のなかで区分された一つの作業場を意味します。単位とか部門、班といった訳語が適当でしょう。この為民瓷廠でも、原料を扱う車間、型をとる車間、デザインをいれる車間、窯《かま》の車間、検査の車間、包装の車間といったふうに、さまざまな車間があります。

じつは瓷石礦廠のほうは、為民瓷廠を見学したあとに行きましたので、順序不同になったわけです。瓷石礦廠で袋に詰められた瓷石粉は、この工場ではすでに粘土状の塊《かたまり》になっていました。『景徳鎮陶録』にいう「練泥《れんでい》」の過程を経たものでしょう。それは円筒型になって積みあげられていました。大量生産の準備室といったかんじの車間です。

型にいれられたり、轆轤《ろくろ》にかけられたりするのですが、私たちは急ぎ足で、それらの車間を通り、お碗やお皿がなまの形でならび、修正を受けている現場に、しばらく足をとめました。大量生産の工場内では、見学者でも足をとめるのは、似つかわしくない動作のような気がするものです。

案内の人は、説明が一段落するたびに、

——なにかご意見はありませんか？

——私たちの仕事について、批評してください。

ときくのですが、この種の工場を、日本でも見たことのない私に、意見も批判もあるはずはありません。

——私たちは一九八五年までに、すべてを機械化するつもりです。それも電気化を目標としています。

工場の責任者のそのような説明に、私はうなずいて、

——できるだけ早い時期に、機械化が成功するように期待します。と、答えました。

伏せられたお碗の列が、細長い板のうえにならべられています。ならべるのも、その板をうごかすのも、みな人間の手でやっているのです。

完全機械化をめざしているというのですが、それがどのていどのものか、私には想像できません。けれども、塵ひとつ落ちていない工場で、機械だけがうごいているというシーンは、どうも私の頭のなかにある「やきもの」のイメージにそぐわないかんじがします。

——醴陵はこちらよりも機械化が進んでいます。

ということでした。機械化の点でも、「醴陵に学べ」のようです。

2

やきもののまち景徳鎮が、やきものにかんして、ほかの土地に学ぶということが、私には意外でした。それでも、考えてみると、景徳鎮が「学習」をしたのは、これがはじめてではありません。

陸羽《りくう》の『茶経』では、景徳鎮はランクにもはいっていませんでした。いわば幕下です。かりに洪州窯《こうしゅうよう》が景徳鎮のものとしても、陸羽に最も劣ると評価されたのですから、幕内にしてもどん尻ということになります。それが「瓷都《じと》」の名で知られるようになったのですから、めざましい躍進といわねばなりません。躍進のかげに、けんめいの努力があったのはとうぜんでしょう。努力のなかには、先進の窯《かま》に学ぶことが、大きなウェイトを占めていたはずです。

前にも述べましたように、景徳鎮南郊の唐代の窯跡の破片からみて、越州《えつしゅう》や岳州《がくしゅう》の窯に学ぼうとした形跡が認められます。

その努力が認められたのでしょうか、宋代にはいって、「景徳年製」の四字をしるすことを許されました。これは朝廷の保護を受けたことを意味します。けれども、ただ保護を受けるだけということはありえません。保護には監督がつきものです。朝廷は「監鎮」を置いて、窯業を監督したといわれています。

そういえば、すぐに「官窯」ということばが、反射的に頭にうかびますが、じつは宋代の官窯の制度については、くわしいことがわかっていないのが実情です。

河北省曲陽県の定窯《ていよう》の古い窯跡の破片に、「禁苑」「北苑」「尚食局《しょうしょくきょく》」「官」などという款識《かんし》を刀刻したものがみつかっています。宮廷の用品をここで焼いたのはたしかで、ここが宋代の官窯であったことは想像できます。定窯は唐代の邢窯《けいよう》の継承者です。『茶経』には、越州よりも邢窯を上とする者もいる、と述べています。それほどすぐれたやきものを焼いたところです。ところが、ある時期、定窯のやきものが、宮中から閉め出されました。文人陸游《りくゆう》（一一二五―一二〇九）の『老学庵筆記』のなかに、

――故都（北宋の国都汴京《べんけい》）、時に定器（定窯のやきもの）禁中に入らず、惟《た》だ汝器《じょき》（汝窯のやきもの）のみを用う。定器の芒《ぼう》有るを以てなり。

というくだりがあります。芒というのは鋒《ほう》とおなじで、刀剣のきっさき、あるいは穀物の先端の細毛のことです。定窯のものがざらざらしていたのでしょうか。私には関係役人たちの派閥争いや、窯元の企業競争のようなものがあった結果のように思えてなりません。しかし、おそらく質からいって、定窯も汝窯もほとんど優劣がなかったのでしょう。

定窯と汝窯の交替は、北宋も末期の大観年間（一一〇七―一一一〇）のことといわれています。政治的には無能であったけれども、芸術的センスだけはいやにすぐれていた、あの徽宗《きそう》皇帝の時代です。ひょっとすると、徽宗の芸術的感受性が、定窯をうけいれなかったのかもしれません。

汝窯《じょよう》についても、謎《なぞ》だらけで、河南省臨汝県にあったらしいことぐらいしかわかっていないようです。宮廷御用の品を焼いたからといって官窯であるとは限りません。

官窯ということばが、文献にはじめて出てくるのは、宋の葉寘《ようしん》の『垣斎筆衡《えんさいひっこう》』に、

——宋の大観年間、汴京《べんけい》に自《みずか》ら窯を置きて焼造し、名づけて官窯と為《な》す。

とあるのがそれだといわれています。北宋の首都汴京は、現在の開封市ですが、その近辺に窯跡が発見されたという報告はありません。大観年間といえば、定窯をやめて汝窯に較《くら》がえした時期でした。宮廷の用品を汝窯で焼くことにしたのに、わざわざ首都に窯をひらくことはないでしょう。

それに大観年間といえば、あと数年で汴京が金軍によって占領され、徽宗皇帝が捕虜として東北へ連行されることになるのです。ほんとうは窯どころの騒ぎではありません。

北宋の官窯制度は不明ですが、

——命《めい》が有れば則ち供し、命無ければ則ち止《や》む。

であったという説が有力です。

産地がどこであれ、朝廷から焼造の命令がくだれば、そこがすなわち官窯だというのです。朝廷から官吏が派遣されて、焼造を監督したことでしょう。言いかえますと、侍従のような皇帝側近の監督官が滞在しているあいだ、そこは官窯であり、それが立ち去れば官窯でなくなるわけです。

その意味では、宋代の景徳鎮も官窯だった時期があったといえます。官窯というイメージの強い汝窯は、北宋末の官窯ですが、景徳鎮は景徳年間のそれですから、百年の差があります。とはいうものの、「景徳年製」の四字をしるしたやきものは、まだ一つも発見されていません。けれども、景徳という元号をまちの名前にすることが許されたのですから、このまちが公的に認められたのはたしかでしょう。そして、このまちは、やきもの以外に、認められそうなものをもっていないのです。

宋は太祖の建国が九六〇年でした。金軍に敗れ、南遷して杭州を臨時首都としたのが一一二七年のことで、それ以前を北宋、それ以後を南宋と呼び分けます。景徳という元号は、前述したように四年つづきましたが、その元年は一〇〇四年で、建国から半世紀足らずのころです。

すくなくとも北宋初期には、昌江の南岸のやきものは、世間でかなり高い評価を得ていたと考えられます。それも「学習」の結果でしょう。

窯跡出土の陶片からみて、景徳鎮が学習した相手は越州窯《えっしゅうよう》と岳州窯《がくしゅうよう》であろうことは前述しました。越州窯は浙江省の紹興のあたりで、岳州窯はその窯跡が湖南省の湘陰県で発見されています。湘陰県は長沙市の六十キロほど北にあたる地方です。

例の陸羽の『茶経』には、「越州瓷と岳州瓷はみな青し」とあり、両者の近似関係をにおわせています。江西の景徳鎮は、浙江の紹興と湖南の湘陰とのちょうど中間に位置しているのです。あるいは、景徳鎮が青磁技法の中継地であったという可能性も、否定できないかもしれません。

陸羽が天下一の折紙をつけたことからもわかるように、越州のやきものの名声は、中唐ごろには全国に鳴り響いていました。おなじ学習するなら、トップを目標にすべきでしょう。

越州は古い歴史をもつ窯《かま》で、漢代から生産していました。それも景徳鎮のように「伝説」ではなく、じっさいに後漢墓から、古越磁の壺《つぼ》や鉢《はち》が出土しています。けれども、その歴史は平《へい》坦《たん》ではありませんでした。唐にはいってから、どうしたわけか不振だったのです。初唐から盛唐にかけて、遺品もすくなく、良い作品もほとんどありません。おそらく、名声のうえにアグラをかいていたのでしょう。ちやほやされていたので、なんの工夫もしなかったのです。創意工夫のないところに、進歩はありません。

そのうえ、嗜好《しこう》は時代によって変化するものです。唐初、盛唐は、北方の白磁《はくじ》のほうが人気があったようにおもわれます。邢州窯《けいしゅうよう》によって代表される白磁は、硬質のすぐれたやきものでした。この北方白磁も、やはり工夫をこらして、人びとの好評をかちえたのです。初期の白磁は透明でしたが、それが乳白色になりました。それは透明よりも、白というかんじがずっと強くなります。いわば失透《しっとう》したのですが、それは焼くときに、火度を高めねばなりません。盛唐ごろには、釉《ゆう》を失透させる技法が開発され、ますます白磁の声価を高めました。

盛唐をすぎて中唐から晩唐になりますと、やっと名門の越州窯のまき返しがはじまったのです。

私見ですが、越州窯にチャンスを与えたのは、おそらく喫茶の風習の普及であったとおもいます。唐代の中国のお茶は、現代の日本の抹茶《まっちゃ》のような飲み方をしたものです。お茶を立てるのに、乳白色の茶碗では、茶の色がまともに出てしまいます。茶碗とお茶がとけ合うほどなじむのは、やはり青磁《せいじ》の碗でなければならないでしょう。なかには、「邢瓷白くして茶の色丹《あか》し」といって、容器と茶とがなれ合わないおもむきを好む人もいました。けれども、一般の人の美意識では、緑のお茶を立てるには、やはり色のよくなじむ青磁のほうが好まれます。

こうして青磁の再評価で、越州窯は生気をとり戻しましたが、ここでひと工夫しなければ、ただのよみがえりで、まき返しとまではいかないでしょう。越州の陶工は、篦先《へらさき》で模様をつけることを考え出しました。いわゆる劃花文《かくかもん》です。さらに工夫がこらされて、斜めに刃をいれて浮彫りにする技法も開発されました。

唐がほろびて、宋が天下を再統一するまで、約半世紀、短命政権が五つも交替しました。後梁、後唐、後晋、後漢、後周と、いずれも「後」の字を冠された弱体王朝です。西暦でいえば、九〇七年から九五九年までの期間で、史家は「五代」と名づけています。

五代は短命弱体政権ですから、地方にまで力が及びません。当時、浙江省には銭氏という豪族が建てた呉越という政権が存在していました。

越州窯は、この呉越国時代に、めざましい進歩をとげました。浮彫り技法が案出されたのもこの時期です。呉越王の銭氏が、やきもの産業を手厚く保護したといわれています。浮彫り技法は、おそらく金銀細工からヒントを得たものとおもわれます。コロンブスの卵で、あとでタネ明かしをすれば、なんのことはないのですが、それを考えついたのは、たいへんなことです。

3

おなじ時期、景徳鎮はやはり地方政権の一つである「南唐国」に属していました。長安や洛陽を中心とする、いわゆる中原政権は五つ交替しましたが、ほかに呉越や南唐のような地方王朝も多く、この時代をていねいに呼ぶときは「五代十国」とします。

南唐も五代十国の一国で、李氏の建てた国でした。南唐とは後世史家の命名で、長江（揚子江）以南の一部を版図とするにすぎなかったので、「南」の字を冠したのです。けれども、南唐自身はただ「唐」と称し、大唐帝国の後継者をもって任じていました。その首都は金陵（南京）にあったのです。

文化の花の咲き誇った大唐の正統後継者を自任するだけあって、短いながらも、南唐は文化至上主義の国でした。三人の皇帝がつづいて支配し、王朝の寿命は四十年に及びませんでしたが、南唐は後世までその文化のかおりを残したといえるでしょう。三人の皇帝のうち、二人が詩人でした。とくに最後の皇帝は「南唐の後主《こうしゅ》」として知られ、すぐれた詞を残した李煜《りいく》（九三七――九七八）です。

宋と呉越の連合軍によって、南唐がほろぼされたのは九七五年のことでした。宋の太祖が即位して十五年目にあたります。文化主義の南唐は、できるだけ戦争を避けようとしました。李煜の祖父であり、創業の人でもあった烈祖は、在位六年のあいだ、戦争を避けつづけて、民力の回復につとめたものです。李煜の父の李璟《りけい》（九一六——九六一）は、長江以北の領土を中原政権の後周に献じ、皇帝という称号をやめ、ただ国主と称するなど、ひたすら低姿勢でした。李煜の時代には、「唐」という国号も遠慮して、ただ「江南国」と称しました。江南の小政権に甘んじて、中原への野心のないことをあらわしたのです。それでも、国を保つことはできませんでした。

金陵を陥した宋と呉越の連合軍が、南唐のぜいたくさに驚いたというエピソードは、かぞえきれないほど伝えられています。たとえば、当時はぜいたく品であった蠟燭《ろうそく》であかりをともしても、南唐の宮女は「そんなあかりは、けむたくて仕方がない」と、眉をしかめたそうです。では、南唐の宮廷では、どんなあかりを用いたかと問えば、大宝珠をかけて照らし、夜も昼のようにあかるかった、と答えた話も伝わっています。

文化のためには、南唐の皇帝は金を惜しまなかったようです。南唐でつくられた澄心堂紙《ちょうしんどうし》は、当時の中国では最高級の紙でした。名墨をつくるために、李廷珪《りていけい》という墨作りの名工を召し抱えています。皇帝李煜は、詞文にすぐれていただけではなく、書や絵画も善《よ》くした文人帝王だったのです。宮廷には書画、名器の大コレクションがありました。蔵書は十余万巻で、これはそっくり北宋の崇文館にひきつがれました。

『新五代史』には彼のことを、

——性、驕侈《きょうし》にして、声色を好み、又、浮図《ふと》（仏教）を喜び、高談を為《な》し、政事を恤《じゅつ》せず。

と、述べています。

李煜は仏教に傾倒して、宮中にも寺をつくり、各地の寺に寄進を惜しみませんでした。後世の史家は、もし南唐の後主が、僧を愛したように民を愛していたなら、人民も奮起して、国に報じたであろうに、と評しているほどです。

南唐の宮殿を、のちに掘ったことがありましたが、あるところから、水銀数十斛《こく》も出てきたという話があります。斛は日本の升《しょう》にあたるのですが、ものが水銀ですからたいへんな量です。じつはそこは宮女が粉膩《ふんに》（化粧品）をすてる場所だったということでした。四十年もつづかなかった王朝にしても、ずいぶん白粉をつかったものです。

南唐後主の性格が、これでおぼろげながらわかるでしょう。いったん気に入れば、前後の見境なく、いれあげるといった人物です。それを「驕侈《きょうし》」といったのにちがいありません。

この時代の景徳鎮が、どのような状態であったか、資料がすくないので、ほとんど不明です。『景徳鎮陶録』も、唐初から、いきなり宋の窯《かま》に叙述をとばしています。けれども、東隣りのライバルの呉越が、国を挙げて越州窯の振興につとめていることを、南唐でもとうぜん知っていたはずです。

好きなことには、金に糸目をつけない南唐の後主が、昌江の南岸の窯場に、物心両面にわたって援助を与えたと推測してよいでしょう。このやきもののまちが、景徳という元号を名乗ることを許されたのは、南唐滅亡の三十年後にすぎません。南唐時代から、ここのやきものが評判になっていたのでなければ、あまりにも唐突すぎます。

南唐宮廷で用いられた香炉は、すべて金や玉でつくられ、「把子蓮《はしれん》」「三雲鳳《さんうんほう》」「折腰獅子《せつようしし》」など、さまざまな名称がつけられていたそうです。金や玉でつくられたにせよ、その形状は、やきものの参考になったでしょう。お隣りの銭氏の呉越国では、宮廷の金、銀、玉器を、越州窯の制作のときに参考にさせたのではないかといわれています。越州窯で浮彫りの技法が開発されたことは前にふれましたが、それは金銀細工にヒントをえたのかもしれません。

呉越時代の越州窯は国家の保護をうけていたことがわかっていますが、同時代の南唐国については不明です。

南唐の後主《こうしゅ》はどんなものでも、超一流でなければ満足しません。宮廷生活では、香炉などは金や玉のものを用いたでしょうが、宴会や祭祀の用に、やきものが使われなかったはずはありません。使ったとすれば、やはり超一流のものがえらばれたでしょう。

越州窯のものを買ったのでしょうか？　それはライバルである隣国のものです。南唐後主の性格として、自分の美意識にぴったりの名工を養成することを考えたとおもいます。

南唐が天下に冠たるものとして誇ったのは、前述の「澄心堂紙《ちょうしんどうし》」と「李廷珪墨《りていけいぼく》」のほかに、「竜尾石硯《りゅうびせきけん》」という名硯がありました。南唐滅亡後、竜尾石は世にあらわれなくなったのです。渓流《けいりゅう》の底から採る石ですが、ずいぶん行きにくい場所で、しかも採りにくい状態であったらしく、住民がいやがって、宋の政府から命令があっても、そんな石はもうないとごまかしたとおもわれます。南唐が亡びて八十年以上たってから、歙州《きゅうしゅう》の知事となった銭仙芝《せんせんし》という人物が、苦心の末、やっと竜尾石の再採取に成功したのです。

南唐の後主《こうしゅ》の時代に、なぜ竜尾石が採れたかといえば、その採取に金を惜しまなかったことと、彼の異常な熱意が理由であったとおもわれます。お殿様がそんなに欲しがっているのなら、なんとかしてあげようと、住民たちがその熱意にうたれたこともあるでしょう。おなじことが名墨にもいえます。名工李廷珪は、もとの姓は奚《けい》といったのです。たぐいまれな名墨を造ったので、南唐の後主は彼に皇室の姓である李姓を賜わりました。明《みん》末の鄭成功《ていせいこう》（一六二五——一六六二）のように、国家存亡の危機に奮起して、武功によって国姓を賜わるというのが、賜姓の常識でしょう。名墨を造って賜姓というのは、いささか異常といわねばなりません。この事実は、南唐の文化至上主義が異常なほどであったことを物語っています。

私が調べたかぎりでは、南唐が昌江南岸の窯《かま》を、保護、援助したという記録はありません。けれども記録がないからといって、その事実がなかったとはいえません。

——しっかりやれ！　越州などに負けるな。金に糸目はつけないぞ。

といった激励はあったはずです。

4

為民瓷廠の窯《かま》は、燃料は重油でした。いわゆるトンネル窯で、窯長は九十五メートルもあります。

現在、焼造中のものは、半時間ごとに一段階ずつ進むようになっているそうです。窯入れから窯出しまで、十九時間かかるということでした。

——日本ではどうなっていますか？

と訊かれて、返事ができませんでした。大量生産の窯業については、私はなにも知りません。こんなことなら、日本で陶器工場を見学して、一夜漬けでもよいから、勉強しておくべきだったと後悔したことです。

——重油窯の操作については、加藤唐九郎氏から、貴重な教示をいただきました。

と、そばから張氏が言いました。

——そうです。私たちはたえずすぐれた技術を学ばねばなりません。

これは工場の責任者のことばです。

熱度の調整は、すべてオートマチックになっていました。司令室の壁にたくさんボタンがならんでいて、あちこちにランプがついています。どこが、どうなっているのか、かりに説明されても、よくわからなかったでしょう。

——現在、最高千三百二十度の熱度を出しています。

ということでした。

司令室には一人の技師がいるだけで、壁のボタンの列をにらみ、たまに手をのばして、ボタンの一つを押すていどです。自動制御装置という、近代科学のうんだ設備が、やきものづくりの分野でも活用されています。

やきもののなかでは、火をコントロールすることが、その重要な部分を占めるでしょう。火力のコントロールについて、景徳鎮は、いま日本をはじめ先進工業国の技術を学習中のようです。

煉瓦《れんが》でかためられた九十五メートルの長い窯のなかでは、灼熱《しゃくねつ》の焔《ほのお》が、ものを生み出そうとしています。外から内部をうかがうことはできませんが、ところどころにあるバルブのあたりに、焔の舌のはしのようなものが、ちょろちょろと出ています。その赤い舌先から、なかの焔の渦《うず》を想像するほかありません。長い窯にそって歩いていると、誕生するものへの期待感が、胸のなかから湧いてくるようです。

たとい大量生産のやきものにせよ、新しいものの誕生であることに変わりはありません。ここに働く人たちも、新しいものの誕生をよろこびとしているでしょう。

千年あまりのあいだ、景徳鎮でこうして火のほとりで働いた人たちは、よりすぐれたものを生み出そうとつとめたはずです。多くの人たちの生き甲斐が、焔のなかにこめられてきました。焔のさきをみつめて、そんなことを思いました。

十世紀の南唐の陶工たちは、皇帝から「負けるな！」と、ハッパをかけられなくても、越州窯に負けたくなかったでしょう。負けないためには、相手に学ばねばなりません。やきものの核心である火についても、ここの人たちは、あらゆる方法で越州の秘法を知ろうとしたはずです。学習は火力のコントロールから燃料についてのデテールにまで及んだにちがいありません。

むかしの景徳鎮の窯《かま》は、ほとんどがのぼり窯であったようです。あまりけわしくない斜面が多かったことも、ここがやきものづくりの立地条件としてすぐれていたのでしょう。また付近に優良な燃料になる松が多かったことも、この土地にはしあわせだったのです。そのうえに、高嶺の瓷石があり、昌江の水路の便がありました。

最も優良な瓷石が、安徽《あんき》省の祁門《きもん》から、昌江によってはこばれたことは、前にも述べました。では、どうして、祁門の近くに、やきもの産業がおこらなかったのでしょうか？　しかも、安徽の南部といえば、良質の松材の産地だったのです。

いつもの推理癖《へき》が出て、こんなことも推理してみたくなります。

安徽省の最南端は、現在の行政区画では、徽州地区となっています。歙県《きゅうけん》、休寧、祁門といったのがおもなまちです。中国の書画の愛好者なら、この地方からおおぜいのすぐれた画人を出したことを知っているでしょう。東山魁夷《ひがしやまかいい》氏も行ってえがいた黄山《こうざん》は、古来、中国の絵画の一つの重要なテーマになっています。黄山ばかりをえがいた画人さえいます。この地方は黄山の南にあり、風雅の地として知られていました。

また歙県といえば名墨の産地として有名です。南唐後主の時代の名墨工李廷珪《りていけい》も、この地方で墨をつくりました。彼のつくった名墨は「新安香墨」と呼ばれたそうです。新安というのは、歙県のそばを流れている河の名です。

墨はすぐれた松材からつくります。安徽の南部は、祁門のように良質の瓷石も、良質の松材も産しますが、この風雅の地の人たちの心は、やきものよりも墨のほうにむけられていたのでしょう。

景徳鎮伝説を信じるなら、景徳鎮には古くから窯があったのです。

——やきもののことは、あちらにまかせて、こちらは名墨の製造に励もう。

徽州の人たちは、そう考えたのではないかとおもいます。

第五章

1

学習は猿真似《さるまね》ではありません。もちろん、なんとかしてお手本に似せようとするのですが、その過程で、お手本と自分のものとの差がわかってきます。相手がわかり、自分もわかるのです。わかっているようで、自分が一ばんわかりにくいものです。学習の一ばん大きなメリットは、いままでわからなかった自分を知ることではないでしょうか。

やきものの場合、よその先進の窯《かま》を学んでいるうちに、素材の相違がわかってくるはずです。土地が異なれば、材料も異なります。

——与えられた素材を、どうすれば最も生かすことができるか？

学習が深まると、似せることよりも、この課題のほうが大切になります。

景徳鎮がお手本としたにちがいない越州の青磁の美しさは、その釉《ゆう》の色にあったのはいうまでもありません。それは「秘色」と呼ばれていました。その色を出す製法が秘密であったので、そう呼ばれたという説があります。また「秘」という字には、禁裡《きんり》や禁苑《きんえん》の「禁」の字とおなじく、一般庶民が近づけないというニュアンスがあり、王室——当時は呉越王銭氏の宮廷——に納める最上級のやきものの色だという説明もあります。そのほか翡翠《ひすい》の色をおもわせるので「翡色」といったのが、「秘色」に変わったという説もあるようです。日本語では翡と秘は同音ですが、中国音はかなりちがいますから、この説は一ばんあやふやだとおもいます。

日本では「ひそく」と読み慣わしています。『源氏物語』の「末摘花《すえつむはな》」に、

……心もとなくて御達四五人居たり御台秘色やうのもろこしのものなれど……

とあります。源氏が日ごろうとんじていた姫の邸へ、仕方なしに心重く訪れ、なかをのぞいたくだりです。数人の女房がわびしく食事をしています。食器はもろこしの秘色ですが、それも古びて、わびしさがひとしおだったのです。

平安時代、天皇の食事には秘色の碗《わん》を用いていました。身分の高い人だけが秘色のやきもの

を用いたのです。越州の秘色は日本にもその名がひびいていました。

中国では「千峰翠色器」と表現することもあります。晩唐の詩人陸亀蒙《りくきもう》の詩に、「秘色越器」と題する七言絶句があり、そのなかの句から採った名称です。

九秋の風露、越州に開き
奪い得て来る千峰の翠色
好し中宵に向いて沆瀣《こうがい》を盛り
嵆《けい》中散と共に遺杯《いはい》を闘わせん

沆瀣というのは、露の気のことで、仙人が食べるものとされています。お茶のことを指すのにちがいありません。

陸亀蒙は茶人としても有名で、茶の品定めをした『品第書』という著作がありました。彼自身はこの書は陸羽の『茶経』を継ぐものと自負していたようですが、残念ながら亡佚《ほういつ》してしまいました。

茶の優劣を争ったり、品定めをすることを「闘茶」といいます。

嵆中散《けいちゅうさん》（二二三―二六二）とは三世紀の竹林の七賢の一人であった嵆康《けいこう》のことです。魏の中散大夫の称号を贈られたことがあるのでそう呼ばれていました。

千峰翠色の秘色の名器で、六百年前の竹林の七賢の嵆康と、茶の飲みくらべをやってみたい、というのです。もっとも三世紀には、まだ喫茶の風習は普及されていません。竹林の七賢たちは、もっぱら酒と五石散という麻薬のような薬を飲んでいました。

唐詩のなかには、「越甌《えつおう》」「越瓶《えつへい》」「越椀」といったことばがよく出てきます。それはみな例外なく茶と関係があるのです。

越椀初めて蜀茗《しょくめい》（四川の茶）を盛りて新し（施肩吾《しけんご》）
茶新たにして越甌を換う（鄭谷《ていこく》）
越甌、犀液《さいえき》、茶香を発す（韓偓《かんあく》）

といった用例でもわかるでしょう。

このような窯が近くにあるので、景徳鎮は「青」で勝負することはあきらめたようです。たしかに越州青磁は、すぐれた釉をつくり、それによって秘色あるいは千峰翠色と呼ばれるみごとなる色を出しました。けれども、胎土そのものもいくらか色がついています。景徳鎮の人たちは、ここで自分たちのやきものの特長は、伝説時代からその白さにあったことを思いおこしたにちがいありません。越州窯の成功は、その胎土にふさわしい釉をつくり、それを精錬して濃淡をすくなくし、純正の青を追究して、その極致にいたったことにありました。

——われわれは白を土台にしなければならない。……

越州窯を学んでいるうちに、景徳鎮の人たちはそう気づいたのでしょう。けれども、伝説時代のように、白の極致をめざすわけにはいきません。時代の好みがあります。おもにお茶の普及によるのですが、器《うつわ》には青をたっとぶという風潮がありました。

茶は青になじみますが、白磁の器では茶は赤くみえすぎます。寿州のやきものは黄色いのですが、陸羽の『茶経』では、それは茶を紫色にみせると説いているのです。また洪州の褐色のやきものは、茶を黒くしてしまい、いずれも茶によくありません。

——白を基礎とするが、青味を帯びている。……

そのような作品をつくることを、景徳鎮の人たちはめざしはじめたのでしょう。白い磁胎に、青味がかった透明釉をかけることは、誰しも思いついたはずです。やがて、越州でやっていたように、器面に模様をつけて凹凸をつけると、くぼんだところに釉がたまって、一そう青くみえることもわかったでしょう。

——影青《インチン》。

景徳鎮のこの種のやきものは、そう呼ばれています。模様のくぼんだ部分が影になって、青味をましているからです。景徳鎮の瓷土《じど》は、可塑性《かそせい》にすぐれているので、篦《へら》で彫っても、型で押しても、やりやすかったのです。

——青白磁

という呼び方もあります。どっちつかずの名称のようですが、「青味がかった白磁」と解すべきでしょう。青磁か白磁か、二者択一ということになれば、景徳鎮のやきものは、基本的に白磁なのです。

影青の美しさは、その薄さにもあります。可塑性にすぐれている事実は、削りに削って薄くすることが可能であることを意味します。またここの瓷土は耐火性も抜群です。それは焼けひずみがすくないことを意味します。

影青の登場によって、景徳鎮はやきものの表舞台に出ることができたといえるでしょう。ふしぎな青さをもつ、薄いやきものに、人びとは魅せられました。注文は日ましに増え、評判はますます高くなったのです。

国内ばかりではありません。国外でもずいぶん歓迎されたようです。外国にも影青《インチン》が多く伝わっています。各地の遺跡からは影青の破片がたくさん発見されているのです。

評判になると亜流が輩出するのはとうぜんでしょう。良くいえば、ほかの窯《かま》から学習に来たのです。そして、自分たちのところでもつくりはじめました。けれども、素地の白さ、薄さにかけては、やはり景徳鎮は他の追従を許しませんでした。

ひところは、影青といえば、景徳鎮製とおもわれていましたが、かならずしもそうとは限らないことがわかってきました。各地の窯跡の調査が進むにつれて、影青の破片の出るところが意外に多いことが報告されたのです。

模倣、学習するのですから、やはり近所に多いようです。おなじ江西省でも、天目茶碗で知られている吉州窯の窯跡からも、影青が発見されています。浙江省でも江西に近い江山源口窯や福建に近い泰順窯からも、おなじことが報告されています。広東にも数例ありますが、一ばん多いのは福建です。

影青は北方にはひろまらずに、南へ南へと技術が流れたようにおもわれます。

また景徳鎮が影青の本家本元であるという確証もありません。需要家の好みを反映して、各地でおなじようなものを焼きはじめた、という可能性もあります。あんがい後進の小さな窯のアイデアを、「これはいける」と、先進の窯が技術をもぎとったのかもしれません。あるいは好評で注文殺到し、ほかの窯へ委託して焼かせたのがはじまりということも考えられます。

ただ影青の生命である素地の白さ、胎の薄さということになれば、なんといっても景徳鎮が抜きん出ているのです。どこからはじまったにせよ、ここで最高の影青がつくられたのはまちがいありません。

2

為民瓷廠では、いったん焼いた白磁の碗や皿に、絵付もしていますが、大量生産システムですから、模様は貼りつけが多いようです。模様をつけたあと、八百度の熱度でもういちど焼いて完成品ができます。

検査車間《ツオチエン》では、検査員が製品を五つのランクに選び分けていました。最低の五等というのは、等外品のことだそうです。

為民瓷廠は大量生産の工場ですが、その反対の極に、日本でいえば人間国宝クラスの名匠が仕事をしている陶瓷研究所があります。またその中間的な性格をもつ、芸術瓷廠というのもありました。

私たちを案内してくださった張松涛氏が館長をしている「陶瓷館」は、宿舎から池のそばを降りて、まもなくのところにありました。中型の陶磁器博物館といえるでしょう。

陶瓷館は一九五四年に創設されたそうです。彩陶、黒陶など古いやきものが、年代順にならべられています。景徳鎮が手本にしたかもしれない古越州のものもありました。

劉《リユウ》さんという、体格のがっちりした青年が、私たちのために説明役になってくださいました。日本でいえば学芸員にあたる人でしょう。ずいぶん勉強をしているようで、説明しながら、ときどき私に質問するのです。すこし買い被《かぶ》られすぎたかもしれません。日本語はできませんが、漢字を拾いたどって、日本の文献にも目を通しているようです。

「矢部氏の論文のなかに、空間恐怖ということばがありましたが、具体的にはどういうことでしょうか？」

劉さんにそんな質問をされて、私は汗をかきながら答えました。

あとで休憩室でお茶をのみながら雑談したのですが、劉さんはもと歴史専攻だったのが、陶磁器に関心をもって、方向転換をしたということでした。それでも、さすがに歴史にくわしく、太平天国と景徳鎮の関係などを語ってくれました。

百年あまりしかたっていない太平天国時代のことは、あとまわしにしましょう。いまは影青《インチン》――青白磁によって、景徳鎮が脚光を浴びた十一世紀ごろの話をしているのです。

年代を確定できない破片は別として、一ばん古い影青はいつのものでしょうか？　「景徳年製」とするすことを許された、と言い伝えられていますが、じっさいにその実物は一点も発見されていないことは、前に述べました。

青磁なら、太平戊寅（九七八）の銘のある破片が残っていますし、朝鮮で淳化四年（九九三）という中国の宋代の元号の銘のある壺がみつかっています。

いまのところ、最古の影青は、南京市の中華門外の丁家山にある鐘氏の墓から出土した瓶《へい》でしょう。その墓は墓誌によって、天聖五年（一〇二七）のものとわかっています。そこに副葬されているのですから、製作年代の下限がはっきりしているわけです。上限は不明ですが、そこに葬られた人が、生前に用いたものとすれば、そんなに古いとは思えません。大雑把《おおざっぱ》に十一世紀初頭と考えてよいでしょう。

この影青最古の瓶は、型押しによる牡丹唐草《ぼたんからくさ》模様があります。私は見ていませんが、つくり方がやや粗《あら》いそうです。おそらく影青がつくりはじめられたころのものでしょう。技術的にまだ不慣れであったのかもしれません。

北宋の景徳鎮は、すばらしい青白磁を生み出しました。景徳鎮陶瓷館にも、すばらしい影青が展示されていました。出光美術館に、つまみの蓋《ふた》に獅子《しし》をあしらった水注がありますが、これなどは寸分のスキもなく完成されたというかんじです。おなじ出光に、牡丹唐草模様の一対の瓶があります。碗《わん》を伏せた形の安定感のあるものですが、もうなにも言うことはないとしかいいようがありません。

影青はつくり出されると、技術は急速に進み、またたくうちに、成熟の域に達したようにおもわれます。

伝説時代を除いて、十一世紀から十二世紀の初頭にかけては、景徳鎮の第一期黄金時代といえるでしょう。まるで初舞台を踏み、それにはずみがついて、そのまま千両役者になったようなものです。

私たちは残された作品を鑑賞するだけですが、その作品を生み出した、目にみえない力をかんじないではおれません。すばらしいやきものを目の前にして、その力がなにであったか、知りたいとおもいます。

それは荒々しい力ではありません。生み出されたものは、成熟し、完成しています。しずかです。唐三彩にかんじられるような、あの一種のさわがしさはありません。作品は肩肘《かたひじ》張ったところもなければ、くずれたところもないのです。

北宋はあまりはなばなしい時代ではありませんでした。とくに対外的には意気あがらなかった時代です。遼に圧迫され、つぎに金に圧迫されました。西に西夏があり、北宋の力はかつて西域に及んだことはありませんでした。パミールを越え、天山を越えてサラセン帝国と戦った、あの唐代の勇ましさは、この北宋にはみられません。

対外的には押され放しでしたが、内政はうまく行っていました。人びとは平和をたのしみました。内戦らしい内戦はなかったのです。王安石《おうあんせき》（一〇二一——一〇八六）の新法と、それに反対する勢力が対立しましたが、政争はいつの時代にもあったことです。北宋の政争は、その敗者が左遷されるていどで、血の粛清はありませんでした。蘇東坡《そとうば》が海南島に左遷されたのが、一ばんひどかった事件といえるでしょう。

平和が長くつづいたというのは、人民が休養できたことを意味します。

盛唐はたしかに「天地の栄ゆる御代」であったでしょうが、それ高麗《こうらい》、それ西域と、しきりに兵をうごかしたのです。大唐の春をたのしんだのは貴族や上層階級の人たちだけで、庶民は意外にくたびれていました。大戦争や大工事は、国威を宣揚することでしょうが、それにかり出される庶民にしてみれば、たまったものではありません。

はなやかではありませんが、宋代の人民は休養じゅうぶんで、その生活は向上していました。生活の質からみれば、唐代の上下はひどくかけはなれていましたが、北宋のそれは差が詰ってきたといえるでしょう。下のほうがあがってきたのです。

景徳鎮のみごとな青白磁を生んだのは、そのような庶民の力だとおもいます。機会をとらえ、はずみをつけて、思いきり跳んだのです。休養で培《つちか》われた力は、それとはっきり目にみえないだけに、わかりにくいでしょう。

その力は、景徳鎮だけに働いたものではありません。お隣りの浙江省でも、竜泉窯がすぐれた青磁をつくりはじめましたが、その背後に、ひそやかではありましたが、盛りあがってくる力がうごいていたのです。

竜泉窯が栄えたのは、越州窯の没落と、いれかわったような形になりました。越州窯は呉越王の庇護《ひご》を受けて繁栄していたのです。呉越国が北宋に降ると、越州窯はパトロンを失いました。権力に依頼しているものには、ねばり強さがありません。越州窯がみるみる活力を失ったのは、とうぜんといえるかもしれません。

けれども、そこはよくしたもので、越州窯の抜けた穴を埋めるかのように、竜泉窯が擡頭《たいとう》してきたのです。下り坂になった越州窯の陶工たちが、新興の竜泉窯に移ったということも考えられます。

ともあれ、浙江の竜泉窯は青磁のチャンピオンとして、青白磁の王者である景徳鎮と対峙《たいじ》する形になりました。

時代はたえずうごいています。

3

竜泉は現在の行政区画でいえば、浙江省麗水地区竜泉県です。浙江といえば、杭州や紹興が連想されますが、竜泉はずっと南の僻地《へきち》です。福建省の北部、江西省の東部に近いところに位置しています。

地図をみてもわかりますが、山また山のなかにあります。北に仙霞嶺、南に洞宮山の山なみがつらなっているのです。見るからに不便な場所のようですが、そばを流れる竜泉渓は、甌江《おうこう》となって温州湾にそそぎます。うまく水路を利用すれば、衢江《くこう》に出て杭州へつながる大動脈に頼ることもできるでしょう。

竜泉の窯跡はかなり調査されていて、戦前すでに陳万里氏の調査報告が出ています。それによりますと、ずいぶん広い地域にわたって数十の窯跡が発見されたそうです。ほとんど麗水地区全域にわたって窯が存在したことになります。山深いところで、良質の燃料が得られたことは想像できます。瓷土も水路によってはこばれたでしょう。

呉越国の時代、杭州に近かった越州の諸窯は政府の保護を受けました。けれども、僻地の竜泉は、民窯として、自力でわが道を進んだのです。

竜泉はふつう越州の後継者とされていますが、おなじ青磁でも竜泉のほうが越州よりも釉《ゆう》が厚いのです。木灰を主成分とした釉薬は、両者ともほぼおなじですが、竜泉はそれをなんどもかけるのです。とうぜん釉が厚くなります。厚くなれば色は深くなり、独特の美しさをみせるのです。

釉をくりかえしてかけるのは、けっして竜泉ではじまった技法ではありません。北方青磁系の汝窯《じょよう》や鈞窯《きんよう》（どちらも河南省）で、すでにおこなわれていました。竜泉窯も初期のころは、越州の亜流にすぎなかったようです。たんなる亜流では進歩がありません。竜泉も工夫をして、亜流から脱したのです。これも確証はありませんが、竜泉の陶工たちは、汝窯や鈞窯に学んだのでしょう。

日本で砧青磁《きぬたせいじ》と呼ばれて親しまれているものは、竜泉窯の青磁です。

キヌタというのは、キヌイタ（衣板）が縮まったことばだそうです。むかしは槌《つち》で布地を打ちやわらげ、艶《つや》を出したものですが、それに用いる板または石の台などをキヌタと称しました。竜泉窯でつくられた代表的な作品である鳳凰《ほうおう》耳の瓶《へい》が、キヌタの形状に似ているのでそう呼ばれたという説があります。都会育ちの私など、この年になるまでキヌタなど見たことはありません。キヌタといえば、まず連想するのは李白の句でしょう。

長安　一片の月
万戸　衣を擣《う》つ声

「擣衣声」がキヌタを打つ音と教えられました。むかしは秋の夜長に、女性がおこなう仕事がキヌタ打ちだったのです。単調な、もの憂《う》い音だったのでしょう。李白の句は、出征軍人の妻が、夫の身の上を案じながら、キヌタを打っている情景——というよりは、そのかなしい音をうたったものです。

辞書どおりに解しますと、布をのせる板または石の台で平たいはずです。広重の版画に「砧《きぬた》打《う》ち」がありますが、それをみるとわかります。キヌタにむかって、女性がふりあげている手にもった槌です。そうです、その槌の形はまさに鳳凰耳の瓶にそっくりではありませんか。

竜泉の青磁は、ときどき貫入《かんにゅう》といってヒビが走っているのがあり、それがまた一種の美しさになっています。一説によりますと、砧の形状ではなく、砧の音――ヒビキとヒビのことばのしゃれで、それのある青磁というところから、キヌタと呼ばれたといいます。これはどうも苦しい説明のようです。

竜泉窯の黄金時代は南宋になってからでした。北宋のころは、越州窯の退場によって起用された、ピンチヒッターのかんじでしたが、南宋になると、堂々たる代表選手に成長しました。

これを景徳鎮側からみますと、北宋のころは、景徳鎮はその影青《インチン》によって、やきものの世界のトップにいましたが、竜泉の擡頭によって、南宋期にはトップの座をあけ渡したことになります。名声に頼りすぎてはなりません。すぐれているから名声が高まったのです。その名声によって、どんどん注文がはいります。それに応じて、どんどんつくります。やがて手抜きがおこなわれるようになりました。すこし手を抜いても、過去の名声がカバーしてくれたのです。けれども、手を抜きすぎますと、せっかく先人たちの苦労でかちえた名声に、キズがつくことになります。名声がそこなわれると、もう誰もふりむいてくれなくなるでしょう。

景徳鎮の影青《インチン》の手抜きは、まず削りの手間をはぶくことからはじめられました。景徳鎮は、なんどもくりかえしますが、その伝説時代から、「薄さ」を看板にしていたのです。胎土を薄くするには、焼成の前に削りとるのです。幸い景徳鎮の瓷土は可塑性《かそせい》にすぐれ、そして耐火度が高いので、薄くしても割れたり、焼けひずみをすることが、ほとんどありません。ですから、紙のように薄いものまでつくれたのです。

ところが、削るという作業は、たいそう手間がかかります。注文殺到というようなときには、つい削りを省略したくなるでしょう。薄いのが売りものだった景徳鎮の青白磁に、やがて厚いものがあらわれ、それがふつうになってしまいました。これでは、看板にいつわりあり、といわねばなりません。

手抜きは削りだけにとどまりません。釉薬《ゆうやく》の調合にもそれがみられます。もともと影青の特長は、白い肌に青味かかった透明釉をかけて、その白さを別の角度からみせようとしたところにあります。ところが、釉薬の質がわるくなると、失透して、せっかくの白もうかんできません。

影青は器面に凹凸の模様をつけるのですが、その彫りの歯切れも、目立って悪くなりました。なにやらゴテゴテしたものがある、といったかんじになってきたのです。

景徳鎮はこんなふうにして、自分で自分の首をしめていたのです。斯界《しかい》の王座を、新進の竜泉にもぎとられたようにみえますが、その真相は、自分で王座からころげおちたといえるでしょう。

4

需要者の嗜好《しこう》が変わった、という事情があったかもしれません。けれども、景徳鎮のほうで、影青《インチン》の質を変えたことを考えると、需要者の嗜好のせいにするのは、なにやら逃げ口上めいてきこえます。

南宋になって、景徳鎮が手抜きのごまかしをやっていたころ、竜泉ではけんめいの努力がおこなわれていました。

言い伝えによりますと、竜泉窯を繁栄させたのは、章という姓の兄弟だったということです。二人の兄弟は、それぞれこの地に窯《かま》をひらき、人びとはそれを哥窯《かよう》（兄さん窯）、弟窯と呼んでいました。

いま竜泉窯と呼ばれているのは弟窯のほうで、哥窯はもっぱら裂紋《れつもん》のある特殊な作品をつくっていたというのです。裂紋があるというのは、貫入《かんにゅう》のことであるのはいうまでもありません。

　章兄弟にかんする話は、いろんな文献に散見されます。『景徳鎮陶録』にも、兄弟の名は、兄が章生一、弟が章生二とあり、哥窯は土脈細紫、質は頗る薄く、色青く濃淡一ならず云々として、

——断紋多く、隠裂すること魚子の如し、

と述べています。そして、弟窯のほうは紋が少いとしるしているのです。同書に引用している『唐氏肆攷《しこう》』には、

——哥窯は紋有り、弟章窯は紋無し。


と、明快に区別しています。

『竜泉県志』には章生一のやきものは、「浅白断紋」であり、章生二のそれは、「純粋無瑕《むか》にして美玉の如し」であるとしています。

　けれどもこの兄弟の説話は、あまり信用されていないようです。竜泉青磁にときどき貫入の

ものがあることの理由説明のために、そんな話が用意されたのだという説もあります。哥窯が存在しなければ、弟窯も存在しないわけです。

哥窯ということばは、「官窯」が訛《なま》ったのだという推測もあります。民窯である竜泉では、「仿《ほう》官窯」といって、官窯に似せてつくった作品もあるようです。「哥」と「官」とは最初の音が似ていますから、この説もあながち唐突だとはいえません。

前に引用した陶録の、哥窯の断紋は「魚子の如し」というのは、細い目の形になって重なっていることです。『唐氏肆攷』では、官窯の紋は、「蟹爪《かいそう》の如し」とあり、貫入の状態がおなじでないとしています。

私たちのようなしろうとにはよくわかりませんが、兄弟の生一、生二という名前のつけ方も、なんとなくフィクションくさいかんじがします。

竜泉では、おおぜいの陶工が、何代にもわたって、やきものづくりに努力したのです。その努力を、二人の兄弟の説話に集中させたのかもしれません。

いくら努力しても、自分を知らなければ、ただ空転するだけです。竜泉の陶工たちは、自分たちの特長をつかんでいました。そして、それを生かそうと工夫したのです。

竜泉の胎土は、還元すると青味を帯びてきます。胎土ですからとうぜん鈍い青です。そのうえに釉薬《ゆうやく》をなんどもかけます。釉は胎土とおなじ系統の色ですから、青はますます深められるのです。

景徳鎮の影青《インチン》が、ほのかな青によって、胎土の白さを際立たせようとしたのにたいして、竜泉の青磁は青によって青を深めようとしたといえるでしょう。

竜泉青磁は、ひたすら色で勝負をしようとしたのです。ですから、南宋の全盛期には、竜泉青磁は器面に模様をつけるようなことはしませんでした。よけいな飾りは、色の深さを鑑賞するのに邪魔になるだけです。竜泉青磁の器面に模様が彫られるようになったのは、もっとのちになってからのことでした。

北宋から南宋へかけてが、やきものの世界でも覇者交替期《はしゃ》だったのです。ここで、ちょっとやきものからはなれて、歴史にふれてみましょう。芸術といえども、歴史の流れのなかにあるものですから。

唐の滅亡（九〇七）につづく五代十国の分裂時代のあと、中国を統一したのが北宋です。けれども、現在の北京を中心とする、いわゆる燕雲《えんうん》十六州は契丹《きったん》族の遼《りょう》に占拠されたままでした。また現在の甘粛は西夏《せいか》という政権の支配下におちました。ですから、統一といっても、大統一ではありません。

五代十国という分裂時代を招いたのは、「藩鎮《はんちん》」の力が強かったからです。各地に配属された地方軍司令官がそこに居坐り、軍閥となったのです。軍隊は私兵化してしまいました。それに懲りた北宋では、原則として、軍隊はすべて首都汴京《べんけい》（現在の開封市）に集め、そこから交替で地方に派遣したのです。また節度使などは文官が任命されました。期限がくれば交替するのですから、軍閥が割拠するおそれはありません。

軍人の跋扈《ばっこ》を抑え、文官優先主義をとったわけです。北宋の気風はしぜん文化主義的になってきました。燕雲十六州をとりかえすのは、北宋の悲願でしたが、じっさいには百余年のあいだ、遼とは戦争することもなかったのです。澶淵《せんえん》の盟という平和条約が結ばれ、北宋は巨額の歳幣《さいへい》を遼に贈与しつづけていました。西の西夏にたいしても、なんどか交戦しましたが、けっきょく、毎年銀四十五万両、絹五十五万匹を贈与するという条件で停戦したのです。

分裂時代の教訓によって、軍人を抑えたのですが、それによって軍隊の士気が振わなくなり、遼にも西夏にも勝てないことになったのです。北宋はめずらしく平和の続いた時代だと前に述べましたが、その平和は莫大《ばくだい》な歳幣で購《あがな》ったものです。そのため、皇室もあまりひどいぜいたくはできません。歴代皇帝は最後の徽宗《きそう》（一〇八二――一一三五）を例外として、唐代のようなはでなことはしなかったようです。北宋の有名な詩人である蘇東坡《そとうば》の詩に、

吾が君は勤倹《きんけん》にして倡優《しょうゆう》は拙《つたな》きも
自《おの》ずから是れ豊年にして笑声有り

という句があります。これは正月十五日の上元節（ついでながら中元は七月十五日、下元は十月十五日）をよんだものです。この晩は元宵《げんしょう》といって、宮城正門の宣徳楼のすぐ前に屋台を組み、さまざまな芸がおこなわれました。灯山という灯籠《とうろう》を飾り立てた山鉾《やまぼこ》もあり、都大路はたいへんな賑《にぎわ》いをみせたものです。曲芸、奇術、芝居、講談、香具師《やし》など、なんでもありました。猿芝居《さるしばい》どころか、魚の刃渡りとか、蟻《あり》の芸当などもあったと記録されています。その夜、天子は宣徳楼上に出御し、万民は万歳を三唱したと、『東京夢華録《とうけいむかろく》』にみえます。

ところが、この晴れの舞台の倡優《しょうゆう》（芸人や役者の演芸）は、蘇東坡の目からみると、あまり上手ではなかったようです。みずから梨園《りえん》で歌舞の指導をした唐の玄宗期のように、洗練されたものではなかったのでしょう。蘇東坡はそれは皇帝が勤倹であるから、と称《たた》えているのです。天子の観《み》るものとしてはたいした演芸ではありませんが、それを庶民もともにたのしみ、戦争もなく、豊作つづきで、笑い声がきこえる、めでたいことではないかというのが詩の大意です。

戦争が多いと、たといその地方が戦場にならないでも、若者たちが召集され、労働力を奪われて国民生活が疲弊します。平和がつづいたことで、北宋百数十年は、庶民の生活がわりあい充実したといえるでしょう。前出の『東京夢華録』は、北宋のみやこ汴京《べんけい》のようすをえがいたものですが、それを読んでも、庶民生活の質がかなり良かったことがわかります。どの飲食店でも、清潔な食器類を用意していた、という記述もあります。

生活にゆとりがないときは、食器類にしても、飲食物を盛ることさえできればよかったのですが、余裕がうまれますと、より美しいものをえらぶようになります。景徳鎮は、すこしは宮廷用のものを納めたかもしれませんが、大部分は庶民のためのやきものを提供したのです。庶民の目は、北宋ではだいぶ肥えていました。それだけに、優良品をつくることに努力しなければなりませんでした。

北宋衰亡の原因は、まず党派の争いにあるといってよいでしょう。平和の代償として、莫大《ばくだい》な歳幣《さいへい》を支払うのですから、政治家はいかに歳入を増やすかを考えねばなりません。歳入を増やすには、これまでのやり方を改革する必要があります。「青苗法」「均輸法」「免疫法」「市易法」「保馬法」など、いちいち説明はできませんが、新しい方法を考え出したのが王安石《おうあんせき》です。彼に共鳴する革新的な一派は「新法党」と呼ばれました。

それにたいして、そのような改革案は、祖法に反する、政府が商売をするのはけしからんことだ、と反対したのが「旧法党」でした。旧法党の代表者は、『資治通鑑《しじつがん》』の編者であった司馬光《しばこう》（一〇一九——一〇八六）です。

新法・旧法両党の争いは、武力闘争という血なまぐさいところまで行きませんでしたが、政局はたえず動揺しました。新法党が登用されると、旧法党がぜんぶ退けられ、旧法党が起用されると、新法党全員が要職から解任されたのです。いずれを登用するかは、ときの皇帝または摂政の意思によりました。

こんなふうに政治の方針が安定しないと、民心も安定せず、社会不安がうまれます。

そんなときに、東北に女真族《じょしんぞく》の金が興起しました。北宋はこの金と結んで、遼《りょう》を挟撃《きょうげき》し、念願の燕雲《えんうん》十六州を回復しようとしたのです。たしかに遼を撃破することはできました。けれども、百年以上もつき合って気心の知れた遼のかわりに、金という新しい敵をつくったことになります。

戦争をはじめると、戦備のための金が必要で、人民から税金の形で取り立てるほかありません。新法・旧法両党の争いで、すでに社会不安は根をはっていました。そこへ政府の搾取です。しかも、北宋最後の皇帝徽宗《きそう》は、これまでの歴代皇帝がやらなかったようなぜいたくを、大々的にやったのですからたまりません。あちこちで造反がおこりました。日本でもよく読まれている『水滸伝《すいこでん》』は、まさにこの時代を背景にしているのです。

北宋は金と同盟して遼をほろぼしましたが、同盟国であった金にたいして、小細工を弄《ろう》したのです。金国内部の不平分子をひそかに煽動《せんどう》し、金の力を弱めようとたくらみました。それを知った金の太宗《たいそう》（一〇七五——一一三五）は、怒り心頭に発し、大軍をもって南下し、汴京を陥してしまったのです。徽宗も、あわてて太子に位を譲りましたが、あとの祭でした。新帝の欽宗《きんそう》（一一〇〇——一一六一）も先帝の徽宗も、捕虜となって東北へ連れて行かれました。一一二七年のことで、汴京の陥落を「靖康の難」と呼びます。そのときの元号が靖康だったのです。

これで北宋はほろび、東北への連行を免れた徽宗の皇子が南へ逃がれ、杭州を臨時首都とする政権をつくりました。これ以後を南宋と呼びます。初代皇帝は高宗《こうそう》（一一〇七——一一八七）です。

景徳鎮にとっても竜泉にとっても、はるか北方にあった首都が、すぐ近くに引っ越して来たことになります。そして、それを契機にして、景徳鎮は斜陽の道をたどり、竜泉は繁栄にむかったのです。

第六章

1

南宋は中国の南半分しか支配していなかったのです。杭州は一応、中央政府の所在地ですが、南宋はあくまでも金を撃って北方を収復し、汴京《べんけい》に帰還することを国家目的としていました。首都杭州は臨安と呼ばれましたが、人びとは臨時首都と考えて、ここを「行在《あんざい》」と呼んだのです。行在とは天子が臨時にとどまっている場所のことです。

いくら臨時首都といっても、あの強大な金を、いますぐ打ち破れないことはわかっているので、なにもかもバラックづくりではありませんでした。宮廷で用いる品物も調達しなければなりません。

宮廷用の食器、瓶、壺、水盤、香炉のたぐい、あるいは祭祀用具のやきものをつくるために、南宋の政府は臨時首都の近くに官窯をつくりました。杭州城の南、鳳凰山麓《ほうおうさんろく》の修内司というところに窯《かま》がひらかれ、それを修内司官窯、あるいはただ内窯と呼んだのです。のちに烏亀山《うきざん》の郊壇《こうだん》の下にも官窯が設けられ、郊壇下新《こうだんか》官窯と名づけられました。郊とは城外のことで、そこに壇を築き、天子が天を祀《まつ》る場所を郊壇と呼んだのです。

修内司官窯と郊壇下新官窯の二つを、南宋の官窯と称しています。郊壇下の窯跡は発見されていますが、修内司のほうはまだです。昭和のはじめに、日本の杭州領事の米内山康夫氏が、修内司官窯跡を発見したと発表したことがあります。けれどもまだ確証は出ていません。そのあたりは、宮廷要人の邸宅のあった土地であり、やきものの破片はよく出土しますが、それは北方の定窯のものがあったり、竜泉青磁があったりして、まちまちです。窯跡から出た破片ではなく、われもののすて場から出たのではないかともいわれています。

それにしても、亡命政権がどのようにして官窯をつくったのか興味があります。文武の要人たちは、高宗につき従って南遷したり、あるいは各地から集まって来るでしょう。ですから、亡命政権といっても、内閣や行政機関、軍事組織などはすぐにできます。それをつくらなければ、亡命政権の意味はありません。けれども、河南省の臨汝あたりにあった官窯の陶工たちは、はたして大挙して南へ逃がれたのでしょうか？

陶工はあまり政治とは関係のない技術者です。遼《りょう》（契丹族《きったん》）であれ金（女真族《じょしん》）であれ、人間生活を営むからには、やきものを必要とすることを、陶工たちは知っていたにちがいありません。政治の要職にあった人物なら、金国の反乱分子を煽動《せんどう》したなどと、対金戦争の責任を追究され、殺されるおそれはあったでしょう。要人たちが脱出することはわかります。けれども、その土地を故郷とする陶工たちが、そこをすてて、見も知らぬ土地へ逃げるなど、信じられないことです。金国ではそのような技術者はすくないので、かえって優遇されるかもしれません。陶工が南へ逃げたとすれば、おそらく強制的に連れ出されたか、それともかなり強い誘いがあったにちがいありません。それも著名な名匠か、あるいは監督のような立場にあった人でしょう。官窯で働いていた人たちのなかの、ごく少数の人であったはずです。

とすれば、南宋で新しく官窯をひらくときには、土地の人をかなり大量に採用しなければならなかったでしょう。

臨時首都の近くは、かつて越州窯のあったところです。呉越国滅亡後、スポンサーを失って、すっかりダメになっていましたが、瓷土や燃料はありますから、窯はすぐにつくれます。場所からいえば、越州窯の再興とみてよいかもしれません。けれども、焼造を指導したのは、北方

の官窯の監督官だったのでしょう。『垣斎筆衡《えんさいひっこう》』に修内司官窯のことを、

――故京（汴京《べんけい》）の遺製を襲う。

とありますから、南方の材料で、北方のつくり方をしたとおもわれます。亡命の技術家などは、とりわけ古き良き時代のものを再現したいと熱願したでしょう。

材料だけではありません。北方官窯の陶工が大挙して南遷したとは考えられませんから、人間も南方の労働者を採用するほかなかったはずです。土地の有経験者といっても、越州窯は衰微してすでに久しいので、竜泉の民窯に働く人たちが連れて来られたにちがいありません。

そのころ、景徳鎮はまだ景気がよかったので、おなじ種類の仕事で、ほかの土地へ出稼ぎに行く必要はなかったのでしょう。距離からいえば、景徳鎮と竜泉は、杭州へ行くのにそれほどちがいはありません。ほそぼそとやきものを造っていた時代の竜泉では、杭州へ行ったほうが賃銀がすこしでも高いとなると、出稼ぎに行く陶工が多かったのでしょう。そのまま杭州に居ついた人もいたでしょうが、竜泉に戻って自分の窯をもった人もいたはずです。彼らはとうぜん、北方の官窯の技術を習得しています。

南宋になってから、竜泉窯が繁栄しはじめ、やがて景徳鎮にとってかわったことについては、南宋官窯の刺戟がずいぶん大きな働きをしたようにおもいます。たとえば、前に述べましたように、なんども釉薬をかける方法は、北方青磁のものだったのです。

『垣斎筆衡』によりますと、南宋官窯を指導したのは、邵成章《しょうせいしょう》という人物で、彼の仕事場は「邵局」と呼ばれていたそうです。その名の「章」の字は、私たちに竜泉の例の章兄弟の説話を連想させます。

章兄弟が実在の人物であるか否かは別として、竜泉窯を繁栄にみちびいた人は、官窯と関係があったという推測は、けっして見当はずれではないとおもいます。とくに兄のほうの哥窯《かよう》は、南宋官窯に似ているようです。『博物要覧』には、

――官窯の品格は、大率《おおむね》、哥窯と相同じ。

と、述べられています。哥の字が、「官」が訛《なま》ったのではないかという説は、前にも紹介しました。げんに官窯であるか、それとも竜泉の哥窯であるか、判定のできない作品がすくなくありません。

竜泉が官窯のよき刺戟を受け、作品を向上させていたのに、景徳鎮は太平の夢をむさぼり、手抜きの仕事で大量の注文に応じていたのです。逆転はもはや時間の問題となっていました。やがて竜泉青磁の名声が高まり、国の内外から注文が来るようになりました。それにたいして、景徳鎮の青白磁は人気を失って行ったのです。

景徳鎮はさびれてきました。

注文がすくなくなれば、失業する陶工はふえます。技術をもった彼らには、行くところがあるのです。注文殺到の竜泉では、とうぜん人手不足の状態にあったでしょう。この時代に、おそらく景徳鎮から窯業関係の人材が、ずいぶん多く竜泉へ移ったとおもわれます。いったい景徳鎮の運命はどうなるのでしょうか?

2

景徳鎮の運命を語る前に、南宋の運命を語らねばなりません。

弱体の亡命政権ながら、南宋は百五十年もつづいたのです。北宋時代は、新法党と旧法党の政争がありましたが、南宋時代は金との主戦論と和平論に分れて、国論が統一できませんでした。

南宋と金とのあいだには、五回も講和条約が結ばれましたが、それは戦いも頻繁《ひんぱん》であったことを物語っています。主戦論で有名なのは岳飛《がくひ》で、和平論の代表者は秦檜《しんかい》でした。けれども、南宋と金とは、けっこう貿易も盛んだったのです。航海術も発達し、南宋は対金貿易だけではなく、日本や朝鮮、そして東南アジア各地とも交易しました。南宋のおもな輸出品は、金国にたいしては茶葉でしたが、そのほかの各地にたいしては陶磁器だったのです。とくに竜泉青磁は、好評を博したものでした。

南宋が本拠とした江南の地は豊饒《ほうじょう》であったうえ、貿易の利がありましたので、経済的には余裕のある政権でした。それにたいして北方の金は、女真族《じょしん》がしだいに漢文化に親しみ、漢人化されていました。女真族の尚武の気風が、ようやく失われはじめたのです。さらに皇族内部の紛争もあり、南宋との戦いで、国力をだいぶ消耗していました。

金はそんなわけで、アジアの北方を、これまでどおり、強く支配できなくなっていたのです。そのスキに乗じて、モンゴルの擡頭《たいとう》がありました。

モンゴルがチンギス・ハーンという、不世出の統率者をえて、世界帝国を築きあげたのは周知のとおりです。けれども、彼は生きているうちに、中国の半分を領有していた金国をほろぼすことはできませんでした。金を滅亡させたのは、チンギス・ハーンの子のオゴタイの時代になってからです。モンゴルが南宋をほろぼしたのは、一二七九年のことで、フビライの時代でした。

南宋は北宋とおなじコースをたどってほろびたのです。歴史に学ぶのは困難なことなのでしょうか。あるいは、ほかに方法はなかったのかもしれません。

北宋は当面の敵である遼《りょう》をほろぼすために、金と同盟したのです。たしかに金は遼を撃ってくれましたが、けっきょく北宋も呑《の》みこまれたのです。南宋も当面の敵である金を破るために、モンゴルに協力しましたが、南宋自身、やがてモンゴルにほろぼされました。

南宋をほろぼしたフビライは、チンギス・ハーンの孫で、中国ふうに世祖と呼ばれ、彼の帝国も中国ふうに元と称されていました。モンゴルも中華王朝の一つとなったわけです。けれどもモンゴルは各地への遠征の過程で、一つの都市を生きとし生ける者をみな殺しにするといった、残忍で野蛮な行為がすくなくありませんでした。チンギス・ハーンの名は、どうしても「文明の破壊者」というイメージをともないます。

日本にとっても、中国大陸から遠征軍をさしむけられたのは、有史以来、「元寇」のただ一回だけでした。

モンゴルはたしかに非文明、というよりは反文明的なところがありました。モンゴルの統治によって、芸術がデリカシーを失った面はすくなくありません。ことに宋代の芸術は、洗練と繊細さに重きをおいていたのです。モンゴルの統治の影響は、やきものの世界にまで及びました。元のやきものは、前の時代にくらべて、大《おお》ぶりになっています。荒っぽいといってよいかもしれません。

「けれども、景徳鎮からみれば、元の時代に復興したのですから、元の恩恵を受けたといってよいでしょう」

景徳鎮陶瓷館の劉《リユウ》さんは、休憩室で私にそう説明しました。

南宋後期の景徳鎮は、見る影もなくさびれていたのです。お隣りの竜泉が栄えに栄えていましたので、景徳鎮の凋落《ちようらく》ぶりはよけい目立ちます。

竜泉の繁栄は、外国貿易と大きな関係があります。海外の遺跡から出土する中国陶磁の破片は、量的に竜泉青磁が最も多いのです。大量生産の機械のなかった時代に、どうしてこんなに多くの品物をつくれたのか、ふしぎなほどです。ほとんど人力に頼ったのでしょうから、竜泉ではおおぜいの人が働いていたにちがいありません。前にも述べたように、景徳鎮の陶工たちも、竜泉へ移るというケースが、私たちが想像する以上に多かったでしょう。

景徳鎮に残留した陶工たちは、あれこれと工夫をこらして、むかしの繁栄をとりもどそうとしたはずです。

——白なら負けないのだが。

と、彼らは口惜しがったことでしょう。伝説時代から、白玉のようだといわれていました。その景徳鎮は、白で勝負するなら、どこにも負けない自信はありました。胎土の白さは、他の追随を許しません。

けれども、真っ白な器は歓迎されなかったのです。青白磁——影青《インチン》は、たしかに白さで勝負したものですが、その白さも青味を帯びた釉《ゆう》の力をかりなければ、人びとに迎えいれられなかったのです。

中国では、白は喪の色です。『史記』の「刺客列伝」をみますと、秦王（のちの始皇帝）を暗殺に行く荊軻《けいか》を、易水のほとりまで見送った燕《えん》の太子や賓客たちは、「皆、白衣冠して以て之を送る」とあります。白い衣服や白い冠は喪服、喪章なのです。ひとたび去ってまた還らず、と覚悟した人を送るのですから、喪服を身につけたのです。

漢の高祖（劉邦）は、項羽《こうう》と天下を争っていたころ、義帝（楚王の子孫で、項羽がかいらいとして擁立していた人物）が江南で項羽に殺されたというしらせをきくと、喪を発して、

——諸侯は皆縞素《こうそ》せよ。

と、命じました。縞素は「しろぎぬ」のことで、喪服にほかなりません。服喪の精神は、すべての飾りをとり去ることにあります。その状態が無装飾の白になるのです。服喪に白を用いる習慣は、二十世紀にまでおよんでいます。

そんなわけですから、いくら美しくても、白だけでは人びとにいやがられます。祭祀の用具として、すこしは用いたでしょうが、日用に使ったり、飾ったりするのに、白いやきものは敬遠されたのです。

影青がすたれたのは、おなじ青いやきものなら、「青い白磁」よりも、竜泉のような「青い青磁」のほうが本格的とみられたのも一因です。

ほかに景徳鎮の特長を生かす方法はないでしょうか？

その一つの方法として、景徳鎮はこれまでつくっていた影青に、飾りをつけることを考え出しました。それは竜泉から学んだにちがいありませんが、「貼花文《ちょうかもん》」という方法です。

竜泉窯は、はじめは色だけで勝負して、かつての越州のように箆先《へらさき》で模様をつけることさえしなかったのです。ところが、南宋後期になると、おそらく海外の需要者の好みもあったのでしょうが、飾りがつくようになりました。そのころには、竜泉青磁も色だけで勝負というわけにはいかなくなっていたのです。

注文が多くなると、複雑な調合で少量しかつくれない優良釉薬《ゆうやく》では、間に合わなくなりました。かんたんに大量につくれる釉薬を用いるようになると、初期のような深みのある色は出ません。色についていえば、人びとの頭のなかには「千峰翠色」「秘色」というイメージが強いのです。

人びとの注意を色からそらせるのも、装飾をはじめた一つの理由でしょう。箆や刀で彫ることもはじまりましたが、竜泉で考案されたのが「貼花文」でした。日本ではこれを「浮牡丹《うきぼたん》」と呼んでいます。

牡丹に限らないのですが、牡丹が多いのでそう呼ばれているのです。牡丹の花や葉などの型をつくり、瓷土をそれにおしこめます。いわゆる「型抜き」の作業で、おなじものがいくらでもつくれます。それを器面に貼りつけるのです。型抜きは機械的な仕事ですから、人間の手で彫るよりもずっと早く、そして失敗もすくないわけです。日本では線刻したものを、貼りつけの浮牡丹にたいして、「沈牡丹《しずみぼたん》」と称しています。

景徳鎮はこの手法をとりいれて、青白磁をつくりました。しかし、これはあくまで竜泉の亜流です。浮牡丹によって、陰影の効果を期待したのでしょうが、それは景徳鎮の命《いのち》である白を生かしたとはいえません。

皮肉なことに、反文明的時代といわれる元になってから、景徳鎮の白を生かす方法がみつかったのです。

3

真っ白ではいけないのであれば、影青や浮牡丹のほかに、どんな方法があるでしょうか？白といえば、紙も白いのに、誰も紙を不吉とはおもいません。紙はそこに字や絵がかかれるものときまっているからです。字や絵は、紙の白さとの対照が、美しさの一つの要素になっているのではないでしょうか？

そんなことに気がつけば、景徳鎮のみごとな白磁に、模様をつけることも思いつくはずです。しかも、中国では河北省邯鄲《かんたん》市の近くにあった磁州窯で、すでに「白地鉄絵」の技法がおこなわれていたのです。

磁州窯のやきものの特長は白化粧をすることでした。地名に磁の字はありますが、ここで焼かれたのは磁器ではなく陶器だったのです。暗い灰色の土に、カオリン質の白化粧をほどこし、無色透明の釉《ゆう》をかけます。瓷土に恵まれなかった磁州は、できるだけ白磁に近いものをつくり出そうとしたのでしょう。

きっと磁州でも、真っ白なものがあまり好まれないという悩みがあったはずです。線刻したり、掻落《かきおと》しといった手法で、器面に飾りをつけましたが、北宋後期に、

——白地鉄絵

という技法が用いられるようになりました。

白化粧された器面に、鉄泥《てつでい》を墨にして、筆で模様をつけてから焼くのです。なんでもないことのようですが、中国の陶磁史上、筆で模様をつけたのはこれがはじめてでした。焼きあがると、とうぜん黒の模様があらわれてきます。

言い伝えによりますと、金の大軍が南下して、北宋が滅びる時期に、磁州の陶工で南へ逃がれた者がいたということです。北宋官窯の陶工たちの場合もおなじですが、かならずしも大挙して移動したとはおもえません。けれども、技法が伝わるには、極端にいえば一人でもよいのです。

南へ逃げた磁州の陶工は、江西省の吉州窯に身を寄せたということです。吉州窯は南昌市の西南二百余キロの吉安市の近くにありました。吉州窯はもともと天目茶碗《てんもくちゃわん》を焼いていたのです。鼈甲《べっこう》のようなかんじで、玳玻盞《たいひさん》天目と呼ばれています。また吉州窯では、じっさいに木の葉を貼りつけて焼く、「木の葉天目」もつくられて、それでも有名です。南宋になりますと、この

吉州では白地鉄絵がつくられました。記録はありませんが、磁州の陶工が、吉州に来たということは、信じてよいようにおもいます。

吉安市の東北二十キロほどに吉水県というところがあります。ここは南宋末に、忠臣文天《ぶんてん》祥《しょう》を生んだ土地です。北宋の大歴史学者欧陽修《おうようしゅう》（一〇〇七——一〇七二）もその近くの出身でした。

北京から広東へ赴任した林則徐《りんそくじょ》（アヘン戦争の立役者）は、道中のことを丹念に日記にかいています。彼は南昌から贛江《かんこう》にさかのぼって、広東へむかったのですが、日記につぎのようなくだりがあります。

——澄山港、塔有り。欧陽文忠（修）の故里螺川駅は此に在り。……十里永和鎮、又十五里張家渡、文信国（天祥）の故里なり。祠有り。……

当時の里は五百メートルあまりですから、いたって近かったわけです。文中にある永和鎮は、吉州窯の中心地であったといわれています。とすれば、吉州窯は文天祥と欧陽修の出身地の中間にあったことになるのです。

元軍が南下して、南宋を攻めたとき、文天祥は贛州《かんしゅう》の知事をしていました。南宋の朝廷は、詔書を下して勤皇の軍をつのったのです。文天祥はそれにこたえて、故郷の吉州で兵をあつめ、みやこ杭州へ赴きました。

このとき、吉州窯の陶工たちは、敢然と文天祥のもとにはせ参じて、従軍したということです。けれども、南宋の朝廷は、文天祥の献策したゲリラ戦法を採用せず、モンゴルの大軍を迎え、滅亡してしまったのです。

解散した勤皇軍のなかにいた吉州の陶工たちは、景徳鎮に身を寄せたのではないかといわれています。

元の天下になったのです。はげしく元軍に抵抗した人たちは、おたずね者になったかもしれません。義勇軍に参加した吉州の陶工は、故郷に帰ることが、はばかられたのでしょうか。

一説によれば、そのころ、吉州窯にふしぎな窯変現象がおこり、陶工たちはおそれをなして逃散したということです。茶碗《ちゃわん》を焼こうとしていると、大きな玉に焼きあがったといいます。当時の人たちは迷信深かったので、そのようなことでも逃げ出したそうです。『唐氏肆攷《しこう》』によれば、文天祥が通ったとき、窯《かま》にいれた器が変わっていたので、陶工たちは焼かずに封をして逃げたとなっています。これは文天祥英雄神話でしょう。家族を連れて逃げても、食べて行かねばなりません。彼らが慣れた仕事のある景徳鎮をめざしたのはとうぜんでしょう。

義勇軍説、窯変説、いずれにしても、吉州の陶工が景徳鎮に移ったことは、ほぼたしかでしょう。吉州の陶工は白地鉄絵の技法を身につけています。

吉州の窯跡調査の報告によりますと、なにか突発的な事故があって、放棄されたとおぼしい窯跡があったそうです。そこには、工具類が大量に発見されました。窯の寿命がきて放棄するような場合、工具類ははこばれて行くでしょう。陶工が商売道具をそのままにしておいたのは、よほどのことがあったにちがいありません。工具を持つ手に武器をとる、といったケースも考えられるのです。

くわしいいきさつはともあれ、「白地鉄絵」が景徳鎮に紹介されたのが、南宋末から元初にかけてのころとおもわれます。けれども、黒の模様というのも、よほど工夫しなければ、中国ではあまり好まれなかったのです。日本でもおなじでしょう。私たちの身辺を見まわしても、たとえば、ご飯をよそる茶碗、番茶をのむときにつかう湯呑みなど、黒の単色模様のものはきわめてすくないことがわかります。美しいというかんじがあまりしないからでしょう。とくに食器には清潔感が必要ですが、黒はそれに欠けているようです。下手をすれば、薄汚れたかんじになるおそれもあります。

郵便はがき

料金受取人払郵便

荻窪局承認

8236

差出有効期限
平成21年8月
8日まで
(切手不要)

167-8790

185

東京都杉並区西荻南2-20-9
たちばな出版ビル
株式会社たちばな出版

『景徳鎮の旅』係行

(フリガナ)	
おなまえ	
おところ	(〒　　－　　)　　電話　　(　　) eメールアドレス(　　)

通信販売も致しております。挟み込みのミニリーフをご覧下さい。
電話03-5941-2611(平日10時～18時)
【ホームページ】http://www.tachibana-inc.co.jp/からも購入いただけます。

性別	1．男　2．女	職業		年齢	

ご購入書名　　　　　　**景徳鎮の旅**

お買上げ書店名　　　　市町　　　　書店

□書店に、たちばな出版のコーナーが　　あった　なかった
□本書をどのようにしてお知りになりましたか？
A.書店で　B.広告で（新聞名　　　）
C.書評で（新聞雑誌名　　　）D.当社目録で
E.ダイレクトメールで　F.その他（　　　）

本書を読んだ感想、今関心をお持ちの事などお書き下さい。

本書購入の決め手となったのは何でしょうか？
①内容　②著者　③カバーデザイン　④タイトル　⑤その他

今後希望されるタイトル、本の内容、またあなたの企画をお書き下さい。

最近お読みになった本で、特によかったと思われるものがありましたら、
その本のタイトルや著者名をお教え下さい。

当社出版物の企画の参考とさせていただくとともに、新刊等のご案内に利用させていただきます。また、ご感想はお名前を伏せた上で当社ホームページや書籍案内に掲載させて頂く場合がございます。

ご協力ありがとうございました。

清潔感からいえば、青が理想的でしょう。くろずんだ青ではなく、すっきりした、すずしげな青がうまく出れば、申し分ないのです。白地鉄絵の技法を伝えられた景徳鎮の陶工たちの頭に、「青」のことがうかんだにちがいありません。想像力のゆたかな陶工なら、唐三彩《とうさんさい》の藍釉《ゆう》の色に思い及んだでしょう。

いまでこそ私たちは、唐三彩を芸術品として鑑賞していますが、宋代や元初の人たちは、あまり見ることができなかったのです。なぜなら、唐三彩はすべて明器――副葬品として造られたからです。つくられたものは、すべて地下に封じこめられてしまいました。墓の盗掘《とうくつ》は盛んでしたが、墓のなかから盗み出すのは金銀財宝で、唐三彩など重くてはこびにくいし、すぐにアシがつきます。なによりも墓の中のものとわかっているので、縁起でもないということになって、商品価値はなかったでしょう。

日本ではその壁画の模写が紹介されて話題になった、永泰公主（則天武后の孫娘。七世紀の人）の墓は、近年、正式に発掘されましたが、すでに盗掘を受けていました。けれども三彩器は残っていたのです。墓泥棒も手をつけなかったことがわかります。

いくら景徳鎮のやきものの専門家でも、唐三彩の実物はあまり見ていないはずです。話はそれますが、唐三彩はよくいわれるように、忽然と出現して、忽然と消えた、ふしぎなやきものです。年代のわかっている最も古い唐三彩は、いまのところ前記の永泰公主墓のもので、この墓は七〇六年につくられました。そして安禄山《あんろくざん》の乱（七五五）以後はつくられた形跡がありません。僅か半世紀のあいだで、その前後関係も、よくわかっていないのです。けれども、唐三彩は墓に埋めるもので、実用品ではないのですから、高熱で焼きしめる必要はありませんでした。したがって、それにかける釉も低火度の鉛系統のもので、それをそのまま磁器に使うのは無理でしょう。

ともあれ、景徳鎮で鉄のほかに、なにか適当な顔料はあるまいかと、陶工たちが考えていたときに、西のほうからコバルトが輸入されてきたのです。これを鉄泥《てつでい》のかわりに使って、釉の下に模様をかいて焼くと、みごとな青があらわれました。

このようなやきものは、「青花磁」と呼ばれるようになりました。青い模様をもった磁器のことです。

日本ではふつうこれを「染付《そめつけ》」と呼んでいます。この青花磁が、景徳鎮復興のきめ手となりました。

4

こういえば、まことに都合の良いときに、救いの手がさしのべられたようにおもえます。あまり話がうまくできすぎているような気がしないでもありません。

けれども、棚《たな》からボタ餅がおちてきたように、棚からコバルト顔料がころげおちたのではないのです。景徳鎮の人たちが、復興の熱意に燃えて、あれこれとその方法を模索し、努力していたからこそ、コバルト顔料があらわれたとき、それをつかまえることができたのです。

コバルト顔料は、日本では「呉須《ごす》」と呼ばれています。中国では回々青《フイフイチン》、または回青、天青などと呼ばれています。回々とはイスラムのことで、現在でも私たちはイスラム教のことを回教と呼んでいますが、この名称はコバルト顔料がイスラム教圏から来たことを示しています。天青というのも、天空の青さのことではないでしょう。中国の回教徒は、アラビアのことを「天方」と呼んでいますから、やはり西方から来たブルーの顔料の意味にちがいありません。

ほかに蘇麻離青《そまりせい》、蘇泥勃青《そにぼっせい》という呼び方もあります。蘇麻離などは、あきらかにアラビア語かペルシャ語の音を写したものです。いま私の手もとにあるペルシャ語の辞典でしらべますと、samāwīということばがあり、

heavenly, sky-colored, azure

とあります。また sāmanī ということばも同義語として用いられています。いずれも sāmān（天）ということばから派生したことばです。

ペルシャ語で天空をあらわすのは、ふつう āsmān ということばですが、sāmān はそのかわりに使われているのです。

モンゴルの元朝に仕え、おもに経済官僚として活躍した「色目人《しきもく》」は、西域の人といわれていますが、その大部分はイラン系の人であったといわれています。

遊牧のモンゴル人は、あまり経済的な観念はなかったのです。経済面はすべて色目人にまかせました。世祖フビライの経済官僚いや宰相として、おそるべき権勢をふるったあの阿合馬（アフマド）も色目人です。『元史』には回人とありますが、これは回紇《ウイグル》人のことではなく、回教徒の意味でしょう。そして、

――其の由《よ》って進む所を知らず。

とあります。世祖中統三年（一二六二）に中書左右部を領し、諸路都転運使を兼ねるまで、

その経歴はわからないというのです。

——専ら財賦の任を以て之に委《ゆだ》ねたり。


とあるように、財政経済をまかされたことがわかります。

国家の歳入が増えると、モンゴルの皇帝はご機嫌なのです。阿合馬を代表とする色目人の経済官僚は、どうすれば国家収入を増やすことができるか、さまざまな試みをしたにちがいありません。それはただ国家のためだけではなかったのです。自分の懐《ふところ》にもはいる仕掛けになっていました。

元に仕えていた色目人は、経済官僚よりも政商に近い性格をもっていたようです。

前にも述べましたように、宋代に大量のやきものが西方世界へ輸出されていました。イスラム教圏などは大のお得意だったのです。三上次男氏の『陶磁の道』を読めばそのことがわかるでしょう。

ペルシャ湾の古い貿易港ホルムズの近くからは、おびただしい中国の宋代陶磁片が発掘され、宋の銅銭もみつかっています。おなじくペルシャ湾に面したシラーフからも中国の陶磁片が出土しています。そのコレクションを参観した三上氏は、越州窯磁と白磁があったが、奇妙なことに青磁がみつからなかった、と述べておられます。ニーシャープールの遺跡からもたくさんみつかって、その一部は日本にもはこばれて来ました。

政商を兼ねた色目人の経済官僚が、主要交易品であった中国のやきものに、目をつけないはずはありません。それでひと儲《もう》けして、モンゴルの皇帝によろこんでもらい、自分の私腹を肥やそうとしたのです。

景徳鎮に乗り込んだ色目人の役人が、土地のやきもの関係者と、つぎのようなやりとりをしているシーンを、私は空想することがあります。

——中国のやきものは、イスラム教の世界に、いくらでも売れるのだ。工夫さえすれば、もっともっと売れる。

——工夫するとおっしゃると？

——やきものを使う人の好みを知らねばならない。ペルシャでつくっている壺を、見本に持って来た。火力が弱くて、中国の陶器ほど焼きしまっていないが、こんなかんじのものを好むのだ。

——ほかに感心するところはありませんが、良い色をしていますね。こんな色が出せることだけが羨しい。どんな釉を使っているのでしょうか？

——わしは専門家でないからよくわからんが、すぐに連絡して、ペルシャで使っている釉を取り寄せてみよう。……


これは空想ですが、けっして妄想ではないつもりです。

モンゴル帝国の基本的な性格は、反文明的であったかもしれませんが、その世界帝国的構造は、東と西とのあいだの風通しをよくしました。中国を支配したフビライは、チンギス・ハーンの正統の後継者と認められていましたが、チンギス・ハーンの遺産は、現実には一人の人間の手にあまります。たとえば、ペルシャはフビライの弟のフラグのはじめたイル・ハーン国の支配下にありました。その時代、中国とペルシャは兄弟国だったのです。ですから、ペルシャの文物は、いつの時代よりもかんたんに、そして大量に中国に紹介されたでしょう。もちろん、その逆も真なり、でした。

このような風通しのよさがなければ、西アジア産のコバルト顔料が、景徳鎮に大量にはこばれることはなかったでしょう。

景徳鎮陶瓷館の劉《リュウ》さんが、元がある意味では景徳鎮の恩人だといったことが、これによってうなずけるでしょう。青花磁——染付《そめつけ》の制作がなければ、景徳鎮の黄金時代は訪れなかったはずですから。

第七章

1

私たちが窯跡《かまあと》を訪れたのは、景徳鎮滞在の最後の日でした。古い窯跡のことは、「古窯子《クーヤオツ》」と呼んでいます。

景徳鎮の古窯子は、市の南郊にあります。昌江の支流で、ふつう南河と呼ばれている河の橋を渡って南へ行くと、湖田《こでん》、楊梅亭《ようばいてい》といった古い窯跡地帯があるのです。私たちが行ったのは、劉《リユウ》家塢《チヤウ》というところで、現在は学校の教員宿舎の赤煉瓦《れんが》が幾棟《いくむね》かならんでいて、あたりにはごくふつうの民家が散在しています。

民家を囲っている壁をよく見ると、なんと古い物原《ものはら》（陶片の散乱している所）から拾って来た、宋や元のころの磁片を積みあげているのです。日本の窯跡でも、ときどきおなじような風景を見かけます。けれども、こちらはなにしろ時代が古いので、ちょっとショックでした。

民家の壁として積みあげているのはよいのですが、それはやはり国家の貴重な文物なので、この地から持ち出すことは許されていません。そのあたりに、いくらでもころがっているので、

——こんなにたくさんあるのだから、一つか二つぐらい。……

とおもいたくなるでしょうが、規則は規則です。

宝の山にはいったかんじですが、しろうとの悲しさで、そのあたりに散乱したり、夏草のなかに重なり合っている古い磁片が、なにを意味しているのか、見渡しただけではよくわかりません。

古窯子は広範囲にわたっていますので、これを詳細に調査するのは困難でしょう。現在のところ、一部分の調査がおこなわれているということでした。

本格的な調査ということになれば、掘ってみなければならないでしょう。張松涛氏の説明によれば、宋代の窯跡から、染付《そめつけ》の破片が発見されたことがあるということでした。もちろん、元以後のあざやかな青花ではありません。磁州の白地鉄絵に似たもののようです。暗い色合いですが、釉の下に模様がえがかれていたといいます。

これは解放後まもないころの発見だそうですが、戦前に湖田《こでん》の古窯を調査したブランクスト

ンの報告にも、宋代にさかのぼるかもしれない染付の破片があったとしるされています。

このことはなにを意味するのでしょうか？

夏草のなかに足を踏みいれて、私は考えました。——芭蕉は、夏草につわものどもの夢のあとを見たのですが、私はいにしえの陶工の執念をそこに見たような気がしました。

磁州の白地鉄絵に酷似したものといえば、言い伝えにあるように、磁州の陶工が吉州に伝え、それが景徳鎮に伝わった技法であることを傍証しているようです。この土地のやきものを、なんとかしなければならないと、あらゆることを学ぼうとした、景徳鎮の陶工の気迫がかんじられます。

「天目の破片もみつかっているのですよ」

と、張さんは説明してくださいました。

天目。——これは日本ふうの呼び方ですが、このごろでは、中国でも専門の人はこの名称を知っています。日本から来た人には「天目」ということばを使うようです。

天目というのは、もともと山の名前です。浙江省《せっこう》杭州市の西、ほとんど安徽省《あんき》との境界にあります。西天目山と東天目山と二つの山があり、どちらも千五百メートルほどの高さです。両山とも山頂近くに池があります。二つの池が天の目玉のようにみえるので、天目という名称がつけられたそうです。宋代、日本から中国へ留学した僧侶は、よくこの天目山の寺で修行したといわれています。その天目山の寺で、日常使われていた茶碗《ちゃわん》を、留学僧が持ち帰り、いつのまにかそれが天目と呼ばれるようになったのです。

禅院で使われていたのですから、素朴なものであったのはいうまでもありません。黒またはくろずんだ柿色の鉄質の釉《ゆう》をかけた茶碗です。中国語では黒釉とでもいうべきものでしょう。福建の建窯《けんよう》や、前記の江西の吉州《きっしゅう》窯《よう》でよく焼かれました。胎土は粗く、ごつごつしておりますが、黒釉をかけるので、生地などはすっかりかくれてしまいます。どうみても、これは粗器なのですが、日本の茶人がこれを珍重し、貴重品となってしまいました。ことに油滴《ゆてき》などの窯変《ようへん》ものは、ばかばかしいほど高価なものとされたのです。

天目が珍重されたのは日本でのことで、中国では粗器にすぎません。胎土の白い美しさを誇る景徳鎮が、なぜ粗器の天目などをつくったのでしょうか？　黒い釉などをかけては、せっかくの生地が台なしではありませんか。それでもあえて天目をつくったのですから、景徳鎮の陶工の「なんでもつくってやろう」の精神は、すさまじいものがあったといわねばなりません。

古窯子《クーヤオツ》をだいぶ歩きまわりましたが、広大な窯跡、物原《ものはら》のほんのごく一部を見たにすぎません。私が見たかぎりでは、天目らしいものはありませんでした。

「このあたりには、枢府《すうふ》の破片がときどきみつかります」

という説明もうけました。

元の朝廷の命令で焼かれたものは、器の内面に、「枢府」という字がはいっていたといわれています。ものは唐草などを型押しであらわした白磁です。けれどもこの形式のものが、フィリピンをはじめとする東南アジアや、日本でも発見されていますので、かならずしも禁中に献納するためだけにつくられたのではない、という説がしだいに強くなってきているようです。

（いろんなものをつくったのだなぁ。……）

窯跡の斜面をのぼりながら、私は靴の底に、さまざまなやきものの熱をかんじるおもいがしました。

2

元になって染付《そめつけ》が生まれますと、やきものに絵画の要素がはいってきたのはいうまでもありません。潤いのある白磁の器面をキャンバスにして、そのうえにコバルト顔料で絵をかくのです。専門に絵付をする画人が、景徳鎮の住人に加わりました。そしてしだいに重要な住人となったのです。画人を迎えて、景徳鎮はその気風になにがしかの変化をみせたことでしょう。けれども、そのことについて語ってくれる文献はありません。

保守的な文人は、やきものに筆で絵をかくことに、まだ強い抵抗感をもっていました。これについての文献ならあります。宋磁のあのしずかな、深い単色の美だけが、やきものの美だとおもう気持は、わからないでもありません。その気持が強ければ強いほど、染付の器面に、さわがしさをかんじるのでしょう。けれども、時代は流れています。

幽玄、繊細の極致に達した宋磁は、もうそれ以上、きわめるところはなくなりました。やはり、変化のときはきたのです。

端正な、寸分のすきもない宋磁の世界から、いささかさわがしいけれども、骨のふとい、雄《ゆう》勁《けい》な元の染付の世界に、舞台は変わったのです。変わってみれば、それは政治の場をはなれても、とうぜんのコースであったという気がします。

白地鉄絵という先駆者がいるのですが、コバルト顔料による青い模様——青花、すなわち染付は、いつから焼かれたのでしょうか？　これは学者のあいだでは、重大な問題になっています。

めったにないことですが、幸い紀年名をもった元の染付が、一対だけ現存しています。イギリスのデヴィッド財団所蔵の「青《せい》花《か》竜《りゅう》水《すい》図《ず》象《ぞう》耳《じ》大《たい》瓶《へい》」です。高さ六三・六センチという大きなもので、愛好者のあいだでは、デヴィッド瓶《へい》として親しまれ、たいていの図録には出ています。それには、はっきりと至正《しせい》十一年（一三五一）という紀年がはいっているのです。

その紀年は、瓶の頸の裏側の長方形の枠にしるされた願文についているのです。願文の本文は四十字で、その大意は、信州路玉山県順城郷にある荊塘社《けいとうしゃ》の人たちが、信仰のリーダーである張文進という人物によって、一家安全と子女の平安を祈って、香炉と花瓶一対を喜捨した、というのです。

荊塘社というのは道教系の教団のことらしく、寄進先は星源祖殿となっています。寺院ではなく、神廟への寄進です。

景徳鎮の南に懐玉山という山脈が、ほぼ東西に走っています。元代の行政区画では、その山脈の北が饒《じょうしゅう》州路、南が信州路になっていたのです。現在も懐玉山脈の南に玉山という県があります。浙贛《せっかん》線の鉄道にそっていて、景徳鎮の東南約百三十キロほどにあたります。

宋から元にかけて、このあたりは道教が最も盛んな土地柄でした。

後漢の張陵のはじめた五斗米道《ごとべいどう》（一信仰）は、その孫の張魯《ちょうろ》が『三国志』にも登場するのですが、始祖から四代目の張盛が江西に来て、信州路の竜虎山で相伝えて三十六代に至ったというのです。三十六代の張宗演は世祖フビライから正一天師とあがめられ、江西の道教を監督するように命じられました。その弟子の張留孫も信州路の人で、元の皇后の病気を祈禱《きとう》でなおしたことが、『元史』にのっています。

張留孫の弟子の呉全節は饒州路の人で、フビライに謁見したこともあり、元の朝廷から「崇《すう》文弘道玄徳真人《ぶんこうどうげんとくしんじん》」などというものものしい称号を与えられ、ずいぶん優遇されたものです。デヴィッド瓶から話はとびましたが、饒州路に属した景徳鎮が、道教的な雰囲気をもっていたことは注目すべきでしょう。

その位置からいって、デヴィッド瓶が景徳鎮で焼かれたのは、いうまでもありません。その瓶にしるされた「至正」は、中国を支配した元朝の最後の君主であった順帝（一三三〇——一三七〇）の時代の元号でした。明の太祖朱元璋《しゆげんしょう》に追われて、元が北京を放棄して北のかた草原に去ったのは、至正二十八年（一三六八年。この年は明《みん》の洪武元年にもあたります）のことです。デヴィッド瓶は、元滅亡の十七年前の作品ですから、はっきり元末とわかります。

このデヴィッド瓶は、染付としては、技法的にもかなり完成度の高いものです。ですからそれ以前に、染付の未熟期、習作期があったにちがいありません。けれども、一三五一年という、はっきりした年代は、染付を考えるうえでは、やはり一応のメドとして忘れてはならないでしょう。

六十センチ以上もある、このデヴィッド瓶は、口縁のまわりに菊の花の唐草模様がえがかれ、長い頸の上半にはタテに羊歯《しだ》とも蕉葉《しょうよう》ともつかぬ模様をめぐらしています。問題の願文はこの部分にしるされているのです。そして両側に象頭をつくり、その長い鼻を瓶の耳にしていま す。頸の下半分は飛鳳《ひほう》と雲文《うんもん》、肩の部分は宝相華唐草《ほうそうげからくさ》、胴部がメインで、竜と雲と水、脚部の上は波濤《はとう》、つぎに牡丹唐草《ぼたんからくさ》で、一ばん下がラマ式蓮弁で、そのなかに八宝をえがきこんでいます。

形がこのように大きくなれば、部分部分に変化をつけなければ、単調に流れてしまうでしょう。

大作がつくられるようになったのも、元になってからです。元のもつ豪放な気風が、大きなものを要求したのでしょうが、そこに絵がえがかれるということも、影青《インチン》時代よりもひろいスペースを必要とした理由の一つにちがいありません。

景徳鎮では、やきものの制作に、陶工のほかに絵師が参加することになりました。作品が大作化するにしたがって、絵師の地位は向上したことでしょう。型押しや、彫刻といった技術者はいましたが、景徳鎮には、すくなくとも窯の関係では画人はいなかったのです。線刻などをする人は、すこしは絵心があったかもしれませんが、彼らは絵師とは呼べません。

染付の初期の未熟時代には、そのようなしろうとが、慣れない手つきで筆をとっていたかもしれません。けれども染付の人気が急にあがって、大量の注文がくるようになると、やはり専門家でなければ、需要家に満足されなくなったでしょう。

いったい染付がはじまったころの景徳鎮はどこから絵師を連れて来たのでしょうか？

3

私たちは陶瓷研究所で、絵付の部門を見学しました。この研究所は正式には、「江西省陶瓷工業科学芸術研究所」というそうです。その名称の示すように、技術の研究と芸術の研究とを兼ねています。私たちの常識では、科学と芸術とでは、だいぶ距離があるようにおもわれ、それが一つの機関で研究していることに、ちょっと意外なかんじがします。けれども、やきものはたしかに科学と芸術の綜合ですから、べつにふしぎではありません。

この研究所は一九五四年に開設されました。ところが、文革になってから解散を命じられ、研究員は「下放」されたということです。研究所の責任者の説明では、それは林彪の圧迫によったということでした。

研究所の解散は一九六八年のことで、その再開は一九七二年のことでした。四年間のブランクがあったのですが、これはほかの機関にくらべると、比較的軽くすんだといえるかもしれません。たとえば、おなじ景徳鎮の陶瓷学院は閉鎖後、再び開校にこぎつけたのは一九七四年のことで、研究所再開より二年おくれています。

陶瓷研究所には百九十人の人が働いています。そのうち技術関係は六十八人、美術関係は二十八人、あとは労働者や研修者だということです。

ところが、技術関係の研究所員のなかには、科学技術と制作技術とが含まれているようです。また実験工房のほかに、企画室と情報資料室があります。この二つの室は、江西省以外の陶瓷産業の機関とも、横の連絡があるそうです。

たとえば、ほかの土地である実験に成功した場合は、ここに通知がはいります。そして、景徳鎮で成功したときは、ここから各地にしらされるというのです。最も多いのは、各地からの質問だということでした。やはり窯業にかんしては、景徳鎮は先進地と認められているのでしょう。

——このようなときにはどうすればよいのでしょうか？

と、データをそろえて、回答をもとめてくることがしょっちゅうあるということでした。いつでも回答できるように、こちらでも資料を整理しておかねばならないわけです。

解決できない問題については、この研究所で研究することになっています。また新技術の開発、新しいデザインの試みなども、この研究所に課せられた仕事です。そのために、実験工房があるのです。

さらに伝統の技法を、つぎの世代に伝えるというのも、この研究所の大きな役目です。さきに述べました美術関係者二十八人というのは、そのようなすぐれた伝統技法のもち主でした。日本でいえば、さしずめ人間国宝とか無形文化財といったところでしょう。

この研究所の絵付師は、景徳鎮でも一流の人であるのはいうまでもありません。私が見学したとき、各部屋で二人ずつ仕事をしていました。一人が研究所員すなわち師匠で、一人が研修生です。マン・ツー・マン方式で技法が伝えられているのでした。

説明をきいて、おもしろくおもったのは、この師弟が血縁関係にあるケースが多いということでした。父と子、祖父と孫、母と子、といったカップルが多いのです。

「すくなくとも十五歳までに始めなければ、一人前の絵付師にはなれません」

少年少女といったかんじの研修生が多かったのですが、研究所の責任者はそう説明しました。花瓶にしろ鉢にしろ、そこに絵付をするとき、平面の紙にかくのとちがって、一ばん大切なのは、手首が柔軟であることです。まだ骨が硬くなっていないうちに、絵付の練習をして、手首をその仕事に慣れさせておかねばならないということでした。

専門のやきものの絵付師は、そんなふうにふつうの画家とは異なった、一つのジャンルの人となっています。けれども、染付誕生のころは、もちろん専門の絵付師はいなかったのです。やはり、ふつうの画家が頼まれて、いささか手首に窮屈な思いをしながら、絵付をしていたにちがいありません。

失礼な言い方ですが、一流の画家が絵付をしてくれることはなかったでしょう。宋磁の単色美のイメージが、まだ強烈であった時代に、白磁に絵をかくなど、とんでもないことと思われていたにちがいありません。明《みん》初になってからでも、

——青花、五色花ある者は俗なること甚だし。……


という考えがあったのです。これは洪武二十年（一三八七）に曹昭のかいた『格古要論』のなかの景徳鎮の項にみえる文章です。

一流の画家は、やきものに絵をかくことをいさぎよしとしなかったかもしれませんが、景徳鎮は絵付師の人手不足に悩むことはなかったとおもいます。

南宋の滅亡、モンゴルの中国支配というのは、未曽有《みぞう》の社会の大変動です。日本の終戦期もそうでしたが、そのような時代には、まずなによりも生きることが先決でした。プライドなどにかかずらわっていては、とりのこされてしまいます。

南宋の首都杭州は、芸術のまちでありました。そこには宮廷画人もいましたが、民間の画人もすくなくなかったはずです。画家はおおぜいいたのでした。

最大のパトロンであった朝廷を失って、宮廷画人は失業しました。モンゴルの宮廷にも宮廷画人はいたはずです。南宋の皇族でありながら、召されて元の宮廷に仕えた趙孟頫《ちょうもうふ》（一二五四――一三二二）は、すぐれた画人でもあり書家でもありました。もっとも彼は書画ではなく、政治家として迎えられたのです。そうではなく、専門画人として召し抱えられた人もいたはずですが、現在の私たちはそのような画人の名前を知ることはできません。

南宋をほろぼす前に、元はかなり長い期間にわたって、中国の北方を支配していました。その時期に召し抱えられた宮廷画人もいたでしょう。彼らは自分たちのポストの安全を確保するために、南方の画人が北京の宮廷に迎えられることを邪魔したかもしれません。

杭州にいた民間画人も、社会の大変動によって、パトロンであった大官や富豪が没落したので、宮廷画人とおなじく失業したでしょう。

景徳鎮の染付は、ちょうど良い時期にはじまったといえないこともありません。一流画家は来なかったかもしれませんが、このような動乱がなければ、けっして花瓶や鉢に絵をかくなど考えられなかった、ちょっとした画人に、絵付を頼むことができたのです。新しいジャンルに天下りする人材がいたのです。

おなじことは、文学についてもいえるでしょう。朝廷に仕えるのが文人のとうぜんのコースでした。しかし、元は科挙の制度さえやめてしまったのです。官僚となる道をとざされた文人は、ほかのジャンルで活躍することになりました。元代には、戯曲がほかの時代にくらべて、おどろくほどすぐれたものが、つぎつぎと生まれました。世が世なれば、芝居など書かなかったであろう文人が、その才能をそれにそそいだからです。

そんな意味では、景徳鎮は幸運であったといえるでしょう。けれども、私たちは染付がはじまったころの、絵付師の名前を知りえないのです。ひょっとすると、絵ですこしは名の売れた画人は、やきものの絵付で名前が出ることを恥じて、かくしたのかもしれません。

4

やきものは商品ですから、染付にしても、その絵は需要家、あるいは需要家の気持を知る商人によって、注文されたはずです。絵付師は自分で考え出した図柄ではなく、注文されたとおりに絵をかいたのでしょう。

注文図柄は、その時代の人たちの好みを反映しているのはいうまでもありません。元の染付は元の時代の気風がそこにあらわれているのです。また注意しなければならないのは、輸出用の染付がすくなくなかったことです。東南アジアや西アジアに大量に輸出されましたから、そうしたやきものは、その地方の人たちの好みに合わせています。

輸出用だけではありません。元は世界帝国的な政権でしたから、中国の国内にもおおぜいの民族が住むようになっていました。経済面を牛耳ったのが色目人《しきもく》であったことはすでに述べたとおりです。宗教面では、チベットのラマ僧が宮廷で尊敬されました。マルコ・ポーロのようなイタリア人も、フビライの家臣として働いていたのです。

こういえば、元という時代の好みは、雑多であるという結論が出そうです。たしかにそのとおりですが、雑多な流れの底には、やはり共通する時代精神がひそんでいます。

征服王朝として、元は圧倒的な力にモノをいわせて中国を統治したのですが、政治は力だけではありません。南宋滅亡後、元は九十年たらずで崩壊しました。モンゴル族は少数ですから、広い中国を統治するのに、どうしても代理統治という形をとることになります。代理人はたいていた無責任なものです。荒々しい気性をもつモンゴル族のあいだに、内訌《ないこう》がたえずおこりました。元はきわめて不安定な政権だったのです。

芸術史からみた元の時代精神は、この政治の不安定性に根ざしています。

肯定するに足る現実はありません。芸術家の目からみると、そのような現実は存在しないのにひとしいのです。彼らの目は過去の良き時代にむけられるか、それともこののろわれた現実をいかに打破して、新しい未来をひらくか、ということにむけられていました。きわめて保守的になるか、それともきわめて革新的になるか、そのいずれかで、中間はなかったのです。それでは分裂ではないかといわれるかもしれませんが、現実否定という面では共通するというふしぎさがありました。

話はやきものに戻ります。染付はこの時代の革新的な気風から生まれたといってよいでしょう。これまでほとんどなかった、器面に絵をかくといったことを、大胆に実行したのは、既成の枠の外にも世界は存在する、という信念がなければできなかったことでしょう。いや、それどころか、既成の枠の外にこそ希望があると信じたのでしょう。

極端に走った時代です。極端に走らざるをえなかった時代、といったほうが当たっているかもしれません。

器面を模様で飾るのは、太古からあったことです。景徳鎮の影青《インチン》における型押し、越州窯の篦《へら》による作業などもそうですが、どことなく遠慮がちなところがありました。飛青磁《とびせいじ》にしても、意識してつけた斑点《はんてん》ですが、それをできるだけ偶然についたとみせようとしています。

染付はそうではありません。おっかなびっくりの姿勢ではなく、きわめて堂々としているのです。開き直っているところがあります。器面にうつくしい絵をかいて、なにが悪いかとうそぶいています。

絵が主人公となったといってよいでしょう。誰憚《はばか》ることなく、筆をふるい、丹念に描きこむという作風がうまれました。

陶工と絵付師の分業は、対等となり、ときには絵付師のほうが上に行ったようです。デヴィッド瓶のところでも説明したように、大作になりますと、瓶の口や肩、そして胸部などの模様は、中央のひろいスペースにたいする額縁の役をつとめています。額縁部分は手間仕事になることが多く、おそらくこれは絵付師の弟子クラスが描いたとおもわれます。絵付のほうでも、分業がおこなわれるようになったのです。

絵付師は与えられたスペースに、与えられた注文図柄をかいたのですが、それは紙に絵をかくのと、いささか勝手がちがいます。皿の場合は、その平面性は紙に似ていますが、瓶や壺、鉢、碗のたぐいになりますと、いろんな方角からの目を意識しなければなりません。しぜん緻《ち》密《みつ》にかきこむという形が主流になりました。需要者側も制作者側も、この画風については、賛成することに一致したでしょう。

陶瓷館の若い劉さんが、私に質問した「空間恐怖」は、このような元の染付について、日本の研究者が形容したことばです。

陶瓷館は時代順に展示していますから、宋から元への変化のはげしさが、じつによくわかります。

陶瓷研究所で絵付の現場をみました。大きな花瓶のときは、固定した太い棒に、瓶の口を突きこみ、瓶が回転できるようにしていました。このような工夫は、おそらく元代に染付が本格的にはじまったころから、考え出されたにちがいありません。いまは、はじめからこのようにして絵をかいてきた、専門の絵付師の仕事ですから、見るからに手慣れたものでした。平面の紙にかき慣れた元の画家が、はじめて花瓶に絵付をしたときの苦労が、思いやられます。さまざまな想念が彼らの脳裡《のうり》をよぎったことでしょう。

――わしもここまでおちぶれたか。……

と、慨歎した人もいたはずです。

――や、これはあんがいおもしろいぞ。焼きあがって、どんな色合いになるか、かいているときにわからないというのもおもしろい。それに、白磁の肌には、紙や絹にない潤いがある。……

と、新しい仕事にファイトを燃やした人もいたにちがいありません。

いま私たちが見学している絵付も、そうしたおおぜいの先人の想念のこもった技法をうけつぎ、歴代の人たちの好みを反映して今日にいたったものです。

親と子、祖父と孫とがむかい合って、師弟の関係として仕事をしながら、技法を伝授しているシーンは、なにやら古めかしいかんじがしました。けれども、工芸の技《わざ》というものは、元来、そのようにして伝わってきたものです。日本では工芸の世界よりも、伝統芸能――歌舞伎の世界などで、まだ父子相伝の要素が強いようにおもえます。手首の骨がまだ柔軟なときという制約があるように、歌舞伎でも子供のころから訓練しなければ会得できない技があるのでしょう。

陶瓷学院では、どんなふうに教えているのか、興味があったのですが、あいにく夏休み中なので、見学できませんでした。

5

陶瓷研究所では、絵付のほうを先に見学して、そのあと、ほかの制作の場所へ行きました。為民瓷廠などはすっかり機械化されていて、そこに働いている人たちは工場労働者ですが、この研究所の作業場にいる人たちは、日本的表現でいえば、「陶芸家」にあたるのでしょう。土をひねっている人、轆轤《ろくろ》をまわしている人、削っている人など、人数はけっこう多いのですが、がらんとしたかんじです。それほど広い場所をとっています。

轆轤をみて、場所のひろいわけがわかったような気がしました。日本の轆轤より、ずっと大きいのです。日本の手轆轤はたいてい一尺八寸（五十四・五センチ）ときまっているのですが、景徳鎮はその三倍近くあります。小山冨士夫氏が景徳鎮で、轆轤のサイズを測って報告していますが、百四十センチとなっています。まわし棒も百十四センチもあり、それもずいぶん太いのです。日本のまわし棒は、三十センチから四十センチほどで、太さもひとまわり細いのがふつうです。

轆轤は日本では、ごくハンディーな道具となっています。景徳鎮のそれは、とても手ごろというわけにはいきません。人間が手もとにひきよせて、自分の手足のように使うものではないのです。大きな轆轤がそこに、でーんと据えられて、人間がそこへ行って、ひとつお願いします、と頭をさげるようなかんじがします。

日本の工芸は、手づくりの味といいますか、人間の手のひらのぬくみをかんじさせるものが多いようです。とくに、やきものにはそれが多いようにおもいます。中国のやきものは、ときに人間の力以上のものをかんじさせ、近づきにくいこともあるようです。

景徳鎮の大きな轆轤をみていると、そのちがいがどこからきたのか、わかってくるような気がしました。ここはひょっとすると、漠然とかんじるだけですごしてはならない、かんじんなところかもしれません。

（これは宿題だな。……）

轆轤の前で、私はそうおもいました。

じつはもう一つ宿題があったのです。

景徳鎮の轆轤、いや景徳鎮にかぎらず、中国の轆轤は左まわしです。いや、中国にかぎらず、朝鮮でも西アジアでもヨーロッパでも、轆轤といえば左まわしにきまっているのに、日本だけは右まわしになっています。時計の針とおなじようなまわし方をするのは、日本のほかにはないそうです。

轆轤の回転方向について、日本だけが世界の大勢に逆らって孤立しているのはなぜでしょうか？

日本以外の土地で、轆轤をまわしているのを見たのははじめてですが、回転が逆であることは、本を読んで知っていました。ですから、これは宿題ではなく、予習問題というべきでしょう。

独断的解答ですが、これは轆轤が日本に伝わって小型化したことと、ある意味ではつながっているようにおもいます。小型化はハンディーになることで、よりたしかに自分のものとする意思がうごいているのではないでしょうか。右回転の場合を考えますと、大部分の人は右利きですから、始動のときは、自分の懐のほうにひきこむかんじになります。左回転ですと、外へ押し出すことから始まるのです。まず自分のからだに近づけるか、それともからだから外へはなすか、そのちがいが考えられます。鋸《のこぎり》でも、日本では引くときに切るのですが、外国では押すときに切るのがふつうだそうです。

景徳鎮の轆轤をみていますと、見慣れていないせいか、やはり大きすぎるという気がしました。もっと小型化しても、不都合なことはなさそうにおもえます。けれども、小型化してしまえば、轆轤に取組むというかんじは薄れるでしょう。使いこなすことと取組むこととのあいだには、かなりのひらきがあります。素材や道具を使いこなしたのが、日本の工芸だなと、景徳鎮の大きな轆轤を軸に、あれこれ考えたことです。

さきほどから、「轆轤」という字をなんども書き、そのたびに字画が多すぎることに閉口しています。じつは中国ではこの字は、井戸の釣瓶縄《つるべなわ》をかける滑車の意味に用い、やきものづくりのロクロには用いません。陶磁器制作のロクロは、中国では「陶車」またはただ「輪車」というようです。あるいは「鏇《せん》」という難しい字も使います。

研究所の工房は、ロクロがまわっているのですが、いたってしずかでした。

研究所の女性の責任者が、私に萩焼《はぎやき》のことをたずねました。萩の関係者が、このあいだここを訪れたそうです。

第八章

1

景徳鎮陶瓷館に展示されている元代《げんだい》の作品は、つぎの明代《みんだい》のそれほど多くありません。年数からいっても、南宋をほろぼしたあと元は九十年しか天下を保っていません。それにくらべると、明は二百八十余年もつづいたのです。作品の絶対数からして、明代のほうが圧倒的に多いのはいうまでもありません。

染付《そめつけ》についていえば、景徳鎮が元の支配に属して、すぐに作られたとはおもえません。白地鉄絵の基礎があっても、西アジアのコバルト顔料が紹介され、テストされ、習作時代を経るまで、だいぶ時間がかかったはずです。最古——というよりは元代唯一の紀年銘のあるデヴィッド瓶《へい》が、元滅亡の十七年前であることは前に述べました。

元から明初にかけて、西暦でいえば十四世紀から十五世紀初頭まで、デヴィッド瓶のような願文という特殊例を除いて、やきものに制作元号をいれるしきたりはありませんでした。そんなわけで、元のものか明初のものかわからないことが多かったのです。これまでそうしたものは、たいてい明のものとされてきました。今世紀、とくに戦後になってから、中国陶磁にかんする研究が進み、元の染付と確認できる作品がふえたのです。

戦後の中国陶磁研究の中心テーマは、元の染付であったといえるほどです。

では、元の染付は明初以後のそれと、どこがちがうのでしょうか？　私も文章で読んで、すこしは心得ているつもりでしたが、やはり陶瓷館の年代順展示をみて、具体的によくわかりました。

元の染付の特色は、ひとことでいえばその力量感にあるとおもいます。大きな作品が多く、見た目にはじっさいよりぶ厚いかんじがします。よくいえば豪放、わるくいえば武骨です。坐りがよく安定感があります。筆はのびのびとして、滞りがありません。前にもふれましたように、空間恐怖といわれるほど描きこまれていますが、全体として、ちゃんとまとまりがあるのです。

陶瓷館の元の染付は多くありませんが、つづいてならべられた明初以後の染付が、優雅になっているのと対照的でした。明初以後は器面の釉調が光ってきますが、元のそれは潤いはありますが、ギラギラしたかがやきはありません。筆に滞りがないと形容しましたが、筆を器面からはなすときまで力をみなぎらせているせいか、筆端のするどさをかんじさせます。

元の染付のデザインは牡丹唐草《ぼたんからくさ》が多いようです。とくに西アジアへ輸出したものは、そこが偶像否定のイスラム教圏ですから、とくに人物などはタブーで、唐草模様がよろこばれたのでしょう。

中国伝統の竜も、元の染付にしばしば登場します。元の竜は、のちの明のそれにくらべて、スタイルはともかく、イキがいいといわれてきました。えがかれた竜は、たいてい四爪《そう》か、または三爪です。元では竜鳳《りゅうほう》の模様は、皇帝にのみ許されていました。ところが「竜」とは、五爪二角《かく》のものと解されていたのです。だから、四爪や三爪の竜は、禁制に該当しないとされました。例のデヴィッド瓶の竜も四爪です。

もし五爪の竜がえがかれているものがあれば、それは皇室に納めたものと考えられます。染付の瓶に五爪竜がえがかれているのは、いまのところ、三点だけ発見されています。上海博物館、イギリスのグラスゴー美術館と日本の某家にそれぞれ所蔵されているそうです。瓶だけではなく、皿にも五爪竜がえがかれている例がありますが、やはり皇室用品だったのにちがいありません。

魚藻図《ぎょそうず》も元の染付に、かなり見うけられるテーマです。東京国立博物館の魚藻文壺《ぎょそうもんこ》は、たいていの図録に紹介されています。それはするどい歯をもった、たけだけしいかんじの魚です。江南の淡水に住む鱖魚《けつぎょ》だそうで、大口、細鱗《さいりん》、背鰭《せびれ》に刺《とげ》があり、からだに斑点《はんてん》があるという、かなりグロテスクな魚ですが、あんがい美味だといわれています。

南宋の宮廷画人（いわゆる画院につとめていた画家）のなかにも、范安仁《はんあんじん》や銭光甫《せんこうほ》のように魚藻図を得意としていた人もいました。南船北馬といわれるように、南方では水路が毛細管のようにつながっていて、一般の生活でも水に親しむことが多いのです。国都が北から南に移ると、絵画の題材に水にかんするものがふえたのはとうぜんでしょう。

また民間画人のなかにも、動植物をえがくのが得意なグループがいました。のちに常州派と呼ばれ、清代の惲南田《うんなんでん》がその代表とされるようになりましたが、そのグループは南宋にまでさかのぼれるといわれています。常州は太湖と長江のあいだにあり、水と親しむことの深い地方でしたから、魚藻図をかく人も多かったでしょう。常州は上海と南京との、ちょうど中間にあり、長江、鄱陽湖《はようこ》の水系を考えると、景徳鎮ともつながっています。南宋末の戦乱、元初の画人失業時代、この派の画人が景徳鎮に職をもとめたことは、大いにありうるでしょう。

元の染付の魚藻図にかんしては、かなりすぐれた画家の筆になるとおもえてなりません。

2

陶瓷館は二部に分れています。

一部はいわば陶瓷歴史博物館です。

二部は現在の景徳鎮のすぐれた作品を展示しているのです。

一部は部屋からつぎの部屋へはいって行き、見学者の一つの時代が終わり、つぎの時代に移るのだ、という実感をたすけてくれるような仕組みになっています。それにくらべて、二部は大きなホールに、かなり間隔を狭くしてならべています。

景徳鎮陶瓷館は、過去をふりかえるところだけではなく、現在から未来への展望の場所でもあるのです。

二部は別館になっていて、部屋がひろいせいか、一部よりずっとあかるく、そして開放的なかんじがしました。作品の制作者に気の毒なほど、ぎっしりとならべられています。壁に陶板が立てかけられてあり、その前に花瓶や壺や皿がならんでいるという状態です。作品展覧の場というよりも、百貨店の売場に近いムードもあります。

陶板は大きなものが多く、『紅楼夢』の物語をテーマにしたものや、歴史物語あるいは神仙的伝説をえがいたのもありました。現代の勤労人民のすがたをえがいたのも一部にありましたが、ぜんたいからみればすくないほうです。林彪・四人組時代は、労働と革命だけに限られていたことは、説明をうけないでも想像できます。

現代の作品で、とくに私の印象にのこっているのは、釉裏紅《ゆうりこう》の色のうつくしさでした。釉裏紅は、染付がコバルト顔料を使って青を出すのにたいして、酸化銅を使って赤を出すのです。日本では辰砂《しんしゃ》と呼ばれています。釉の下に顔料で絵や模様をかくことでは、染付とまったくおなじで、染付（青花）と釉裏紅は双生児といってよいでしょう。またそれがはじめられたのも、元代の景徳鎮であろうということも、定説になっています。

技術の面からいえば、染付よりも釉裏紅のほうが難しいそうです。酸化銅は蒸発点が低いため、そのうえにかける釉薬の調合に工夫を加える必要があります。

色のうつくしさに惹《ひ》かれて、私はその壺の前に足をとめました。

「これは若い人の作品です。将来、大いに有望だとおもいます」

と、劉さんがコメントしました。

足をとめて、しばらくしてから、それが石榴《ざくろ》であることがわかりました。やはり写実主義の絵付が多いなかにあって、その壺は枠を越えた画風でした。見た目にすぐにそれとわかりません。それでも、色で人の心をひきつけ、ゆっくりとモノを見せようというかんじでした。アブストラクトという域にまでは行きつきませんが、その近くに踏みこんでいるといえるでしょう。ほかに数点、そのような絵付の作品がありました。既成の枠を越えようとしているのは、絵の部分にだけ認められることで、作品のフォルムはいたってオーソドックスでした。日本の現代陶芸にみられるオブジェふうのものは、どこにも見あたりません。

あるいは景徳鎮の芸術的な作品は、これから作風が変わって行くのかもしれません。いま私たちの足をとめて、「おや……」と思わせる作品は、氷山の一角で、水面下に大きく深い根を張っている可能性もあります。そうおもうと、たのしくなってきました。

どうしようもないほど、ぴっしりとした宋磁の世界のあとに、染付という意表外の新機軸があらわれたのです。息苦しくなるほどのリアリズムのあとに、それを乗り越えようとする新しいうごきがあって、とうぜんではないでしょうか。

石榴模様とおもわれる釉裏紅《ゆうりこう》の現代作品の前をはなれようとしたとき、私はふと前年の十月に名古屋でみた中国の出土文物展のうちの一点を思い出しました。それを見て、まだ一年もたっていませんので、記憶にかなりあざやかにのこっていたのです。

名古屋市博物館開館記念でもあったその出土文物展では、やきものは二つの鈞窯《きんよう》に人気があつまっていました。それは澱青釉紅斑文大盤《でんせいゆうこうはんもんおおばん》と澱青釉香炉です。その二点の陰にかくれて、あまり注意されなかったかもしれませんが、景徳鎮窯の釉裏紅の玉壺春瓶《ぎょっこしゅんぺい》がありました。その前に立ったとき、私はそのデザインがなにであるか、しばらくわからなかったのです。説明板をみますと、「花卉文《かきもん》」とありましたので、やっと折枝牡丹《おりえだぼたん》だと気づきました。上と下の線も、おそらく故意にでしょうが、稚拙な引き方をしています。

——なんだか抽象画みたいですね。……

その玉壺春瓶の前で、私はうしろにそんな声をききました。

そういえば釉裏紅の絵付には、わざと筆のあとをのこすような傾向があるようです。色を出すのが難しいので、さまざまな工夫をしたあとがうかがわれます。

私はいま思い出して、そのときの図録をひっぱり出して、記憶をたしかめました。そしてついでに巻末の解説を読み返したのです。

……釉裏紅は鈞窯《きんよう》の紅釉から発展したものであろう。当時、景徳鎮の陶工の中に北方の窯場から来たものが少なくなかったからである。……

とありました。

鈞窯（均窯と書かれることもあります）は河南省の禹県《う》にあります。白濁した一種独特の美しさをもった青磁で有名です。北宋のときに栄えた窯ですが、なかでも「月白紅斑《げっぱくこうはん》」というやきものがよく知られています。月白とは前記の白濁青色のことです。その月白釉の下に、酸化銅すなわち辰砂《しんしゃ》で斑点をつけておきます。焼きあがれば紅い色になってあらわれるのですから、釉裏紅《ゆうりこう》にほかなりません。

青花——染付の技法が、磁州窯から吉州窯を経て景徳鎮に伝わったと考えられていますが、釉裏紅の技法もおなじ北方の鈞窯から伝わったようです。

北方の窯場から南へ技術者が移ったというのは、やはり北宋末の動乱が原因でしょうか。金が支配し、のちにモンゴルが金にとってかわった時期も、鈞窯は操業をつづけています。ただし、金以後は作風があらくなり、北宋期のような名品はみられなくなりました。すぐれた技術者が南へ逃げてしまったせいかもしれません。あるいは北宋の滅亡といったことが、陶工たちの意気を沮喪《そそう》させたのでしょうか。それにしても、動乱が技術や文明の拡張につながるとは、皮肉なものであります。

モンゴルが金をほろぼして、中国の北半分を支配するようになってから、漢地にたいする評価の問題で、モンゴル帝国内が二派にわかれました。

漢地とは漢族の住む地方、というほどの意味です。

二派にわかれたといっても、双方ともモンゴル至上主義であったことは、とうぜんでしょう。漢文化あるいは農耕の生活様式を、あるていど認め、それを利用しようと考えた一派を、あまりなじめないことばですが、「知漢派」と呼びましょう。それにたいして、漢文化などを一切黙殺し、モンゴル流でおし通そうとする一派を、これもかりに「モンゴル派」と呼ぶことにします。

3

モンゴルの大ハーンの位は、チンギスからオゴタイ、そしてオゴタイの子グユクにうけつがれました。グユクの死後、オゴタイの弟の家系に大ハーン位が移り、メンゲが即位したのです。メンゲはグユクとは祖父（チンギス・ハーン）をおなじくする従兄弟でした。メンゲの死後、大ハーンの位をめぐって、メンゲの弟同士が争います。

フビライとその末弟のアリクブカでした。フビライは知漢派で、アリクブカがモンゴル派だったのです。権力闘争ですけれども、重臣や部将がどちらにつくかというとき、やはりおなじ考え方をするほうをえらぶことになるでしょう。知漢派、モンゴル派という分け方のほかに、農耕派、遊牧派という分け方もあるようです。もっとも農耕派といっても、農耕を認めるというだけで、モンゴル族を農耕民化させることではありません。遊牧派というのは、漢族の農耕など認めないのです。田畑をつぶして牧草地にしようと、本気に考えていたといわれます。

この権力闘争には、知漢派のフビライが勝ちました。もしアリクブカが勝っておれば、すくなくとも華北の沃野《よくや》は牧草地帯となっていたかもしれません。そのかわり、元の滅亡はもっと速められたでしょう。もっともモンゴル派ですから、「元」などという漢ふうの国号をつけなかったはずですが。

チンギス・ハーンの子のオゴタイの時代に、漢人をぜんぶ殺して、その居住地を牧草地にすることを進言した重臣がいたそうです。そのとき、人間の生産力によって得られる利益を説いて、その計画をやめさせたのが、耶律楚材《やりつそざい》（一一九〇——一二四四）という人物でした。耶律楚材は、もともと契丹族で、金に仕えていましたが、北京陥落のとき、チンギス・ハーンに降り重用されたのです。契丹族ですが漢文化のなかに育ち、たいへんな学者でした。『湛然居士《たんねんこじ》集』という漢詩集がありますが、十三世紀で最もすぐれた漢詩人の一人でしょう。漢文化はこの人のおかげで、モンゴルの破壊から救われたという説もあります。

当時のモンゴルの君主に、ヒューマニズムを説いても効果はありません。実利を説いて、非人道的行為を思いとどまらせるしかなかったのです。

――殺すよりも、生かしておいて、働かせ、税金を取ったほうが有利ですよ。

という論法でなければならないのです。

チンギス・ハーンが西方へ遠征したとき、全城の住民を葬るという、徹底的な殺戮《さつりく》をしていますが、工匠たちは殺さずに捕虜にするケースが多かったのです。生かしておいたほうが役に立つからでした。モンゴル族には、衣食住に必要な道具をつくる職人さえいなかったのです。たとえば保定が陥落したときのように、老人をぜんぶ殺せという命令が出たこともあります。若者なら力仕事ぐらいはできるでしょうが、老人はなんの役にも立たないという、きわめて功利的な現実主義です。そこには血も涙もありません。

親を殺され、家財を奪われ、命だけ助けられた工匠が、その相手のために、ほんとうに心をこめて仕事をするでしょうか？　鈞窯《きんよう》のやきものが、元《げん》になってから粗悪になったのはとうぜんです。それに、相手は粗悪品と優良品の区別さえつかない手合でした。

景徳鎮はどうだったのでしょうか？　この地が元の支配に帰したのは、知漢派のフビライがすでに二十年在位したころでした。戦場の血なまぐささを帯びて、襲いかかるという状態ではありませんでした。元軍は南宋のみやこ杭州に無血入城したのです。

前にもふれましたが、当時の景徳鎮は竜泉窯に押されて、あまり意気があがらない時期でした。いろんな事情があって、各地の窯場の人がこの地に流れて来たようです。やがて、そのことが良い刺戟になり、さらに西アジアのコバルト顔料が導入されるという幸運もありました。けれども、元はなにも景徳鎮にただで恩恵を垂れたのではありません。元の政府も役人も、ひたすら税金の増収をめざしたのです。役人たちは、その間に役得があったのはいうまでもありません。『浮梁県志』によりますと、役所は窯の長さをはかって、等級をつけたそうです。おそらく、ほとんどが登窯《のぼりがま》であったでしょうが、等級によって課税されたのです。窯に火をいれるときに、税金をおさめなければなりません。それではじめて、焼造の許可証がおりるのです。それがないのに窯に火をいれると、違法行為になって、重い罰を受けることになります。焼きあがると、商人が買いに来るのですが、その売買にあたっても、役人が立会うことになっていました。

窯主は地主でもあり、陶工はその地主から土地を借りて小作している農民でもありました。陶工が窯で働くのは、小作料の一部とみられていて、別に賃銀などもらうことはなかったのです。

やきもの商人たちは儲けたのでしょうか？　商売ですから、儲けたにきまっていますが、たいしたことはなかったようです。「官の利益は商人に数倍した」といわれていました。税金のほかに、駐屯軍隊の首脳、地方官、下役人たちへのつけとどけが必要です。そのほか、さまざまな名目の上納金を払わねばなりません。

元代のこのような産業は、ほとんど上に吸いとられるような仕組みになっていました。景徳鎮はそんなひどい環境にあって、よくがんばったといえます。自力で未来への道をきりひらこうという強い意思があったのでしょう。

陶瓷館でそれほど多くない元の染付や釉裏紅《ゆうりこう》を見ていると、このまちのむかしの汗を嗅《か》ぐおもいがします。当時の陶工は、けっして芸術品をつくるという気持はなかったでしょう。ただできるだけすぐれたやきものを造りたいの一念だったはずです。できあがったものは、みごとな芸術になっています。

4

元《げん》と明《みん》初のやきものは、まだまだ識別できないことがあります。元が終わって明がはじまるといった、機械的な時代交替ではありません。元末、景徳鎮地方は明の勢力下にありました。そのころも、景徳鎮の窯場の煙突からは、煙がふきあげていたでしょう。その時期にできたやきものは、元のものでしょうか、それとも明初のものというべきでしょうか？

デヴィッド瓶《へい》の紀年は至正十一年（一三五一）でしたが、その年は元という政権が転落への第一歩を踏み出した年といえるのです。紅巾軍の反乱がおこり、その首領の徐寿輝《じょじゅき》（？――一三六〇）がみずから天完国皇帝と称したのがこの年でした。

もっともそれ以前に、東南の沿岸では方国珍《ほうこくちん》（一三一九――一三七四）が反乱をおこしています。方国珍は反乱軍の首領というよりは、闇《やみ》商人の親方といったほうがあたっているでしょう。景徳鎮のやきもので、官の搾取がはげしかったことは述べましたが、それはまだ序の口にすぎません。やきものは生活必需品といっても、一つ買えば、こわれないかぎり何年も使えます。すこし欠けても辛抱して使うこともできるものです。そして、やきもの商売には役人は立会いますが、政府が直接に運営しているのではありません。それにくらべると、「塩」は一日も無しではすまされない必需品であり、しかも政府の専売です。元の国家歳入の八割は塩の専売利益金でした。政府のつけた塩価は、生産コストの数十倍という、考えられない高いものだったのです。塩の密売人があらわれるのはとうぜんでしょう。政府が三十倍儲けるなら、こちらは十倍でよろしい、と安い塩を人びとに供給します。政府はそんな闇塩商人を塩賊と呼んでいました。方国珍はその塩賊の一人だったのです。

安い塩（生産コストからすればけっして安くありませんが、政府の塩価にくらべてです）を売られては、政府の専売に差支えますので取締ります。それに反抗するので反乱軍になるのです。政府は面倒なので、方国珍に官職を与えて、懐柔するといったありさまでした。

それにくらべると、紅巾軍は農民蜂起《ほうき》の性格をもっていました。黄河の氾濫《はんらん》で治水工事に十七万の人が徴用され、工事が終了すると解散させられたのです。明日から食えなくなったおぜいの若者がいたのです。それを白蓮教の教主であった韓山童《かんさんどう》が組織しました。けれどもそのことがもれ、韓山童は逮捕されて処刑されました。

デヴィッド瓶には至正十一年四月吉日の銘がはいっていましたが、韓山童が逮捕されたのは、その年の五月のことだったのです。それが引き金になって、各地で紅い巾《きれ》を目じるしにした、いわゆる紅巾軍が反乱をおこしはじめました。

前述の徐寿輝も紅巾軍の一派で、彼が天完国皇帝と称したのは、その年の十月のことでした。徐寿輝は湖北の蘄州《きしゆう》の行商人だったのです。湖北といっても蘄州は長江沿いに江西に近いところにあります。景徳鎮のすぐそばで、反乱が始まったのです。

『元史』には、徐寿輝が自称皇帝となった月に、

——天、饒州《じょうしゅう》に黒子《こくし》を雨《あめふら》せ、大なること黍菽《しょしゅく》の如し

という記事があります。

黒子とはなんであるかよくわかりません。とにかく黒いもので、その大きさは黍菽という豆ほどもあったというのです。

降るはずのないものが天から降るのは、あまり良くない前兆として、人びとにおそれられたはずです。なにしろ窯変《ようへん》があっただけで、陶工が逃げ出すような時代でした。黒豆の降った饒州は、ほかならぬ景徳鎮一帯の地域のことです。

はたせるかな、翌年三月甲子の日、徐寿輝の部将の項普略《こうふりゃく》が饒州路を陥し、徽州、信州へも兵を進めました。景徳鎮は「天完国」皇帝徐寿輝の支配下にはいったのです。

その後、『元史』には、しばしば、饒《じょう》・徽《き》の賊、あるいは饒・信の賊ということばが登場します。

その表現の仕方からみれば、饒州、徽州、信州あたりの住民も、積極的に造反軍に参加した

ようです。でなければ、徐寿輝軍という言い方をするでしょう。景徳鎮の陶工たちも、武器をとって、搾取者に立ちむかおうとしたのかもしれません。

けれども、徐寿輝の軍隊は、あまり規律がなかったようです。あちこちで略奪をはたらいて、住民から見限られるようになりました。「饒・徽の賊」はその年の七月に昱嶺関《いくれいかん》を犯し、杭州路を陥しましたが、その勢いはながくつづかなかったのです。

至正十三年(一三五三)五月、元《げん》軍の元帥韓邦彦《かんほうげん》や哈迷《ハミ》などの諸将が、徽州から浮梁にはいり、饒州を収復しました。浮梁が景徳鎮であることはいうまでもありません。

それでも、元の斜陽は防ぎきれません。江西の景徳鎮は収復されましたが、おなじ月、江蘇の高郵で、塩賊の一人であった張士誠《ちょうしせい》(一三二一――一三六七)が大周国誠王と称し、「天祐」という元号までつくりました。張士誠はあまり大物ではなかったのですが、討伐にむかった元軍に内訌《ないこう》がおこり、それが彼を勢いづけたのです。元は方国珍にたいしておこなった懐柔策を、張士誠にも適用して、彼に官職を授けました。

内訌は紅巾軍のほうにもおこって、徐寿輝軍の実権は倪文俊《げいぶんしゅん》(?――一三五七)の手に帰し、至正十五年(一三五五)には、再び武漢を陥し、岳州路を数ヵ月にわたって包囲して降したほどです。ところが、その倪文俊も部下の陳友諒《ちんゆうりょう》(一三一六――一三六三)に殺されてしまいました。

そのころ、のちに明《みん》の太祖となる朱元璋《しゆげんしよう》が擡頭してきました。至正十八年（一三五八）正月には景徳鎮の東約七十キロの婺源《ぶげん》を占領しています。陳友諒軍は鄱陽湖の南方を占領して、朱元璋と対峙《たいじ》しました。景徳鎮は陳友諒と朱元璋の両雄の争奪の地となったのです。朱元璋が景徳鎮のある饒州を完全に手に入れたのは至正二十一年（一三六二）の九月のことでした。

各地に割拠した群雄のなかで、組織者として、また戦略家として、最も才能のあったのは朱元璋だったのです。彼が陳友諒や張士誠などの競争者をつぎつぎにたおし、ついに北伐軍をおこして、元の首都北京にむかったのは至正二十七年（一三六七）のことでした。翌年七月、朱元璋の北伐軍が通州を占領すると、元の順帝は戦意を失い、モンゴルの故地にむかって遁走《とんそう》したのです。八月に朱元璋の明軍が北京に無血入城し、ここに元は滅びてしまいました。

元が滅亡した一三六八年が、明の建国の年であります。この年が明の太祖の洪武《こうぶ》元年です。

一帝一元号制は、日本では明治から始まりましたが、中国ではこの明から始まったのです。皇帝が死ねば、その治世に用いていた元号が皇帝の名になりました。ですから、明の太祖は洪武帝（一三二八――一三九八）とも呼ばれます。

明ははじめ南京を国都としました。国都造営はかなり急いだようです。洪武帝は洪武三十一年に世を去りました。皇太子は彼より早く死んでいるのです。皇子のうちで最も有能なのは、北京に燕王として封じられた第四子の朱棣《しゅたい》でした。けれども、洪武帝は後継者に皇太孫の朱允炆《しゅいんぶん》を指名したのです。元号は建文と定められました。

北京の燕王は兵をおこして南下し、建文帝を攻めほろぼしてしまったのです。叔父が甥を討ったことになります。建文は四年で終わりました。即位した燕王は、翌年、永楽と改元したのです。

明の皇統は、太祖から孫に伝えられ、また戻って息子が三代目となったわけです。三代目の永楽帝のとき、北京へ遷都しました。

燕王すなわち永楽帝が建文帝を攻めたとき、徹底的な破壊がおこなわれたのです。そのせいか、洪武から建文にかけての、明初の三十数年のあいだ、やきものについてもその遺品がすくなく、ようすがよくわかりません。

景徳鎮は群雄争覇《そうは》の地となっていましたから、おちついて、やきものを造っておれなかったかもしれません。ともあれ、すくない遺品を検討してみると、その作風は元末の延長といえますが、作品から受けるかんじでは、ダイナミズムがだいぶ失われているようです。あるいは戦乱によってコバルト顔料がはいらなくなったこともその一因でしょう。良質な西アジアの回々《フイフイ》青《チン》がすくなく、国産のものは質が悪く、焼きあげるとくろずんだりして、あざやかな藍青の色が、なかなか出なかったのです。

王朝創業期こそ、新興の意気が反映されて、ダイナミズムがあるはずなのに、それにやや欠けるのはふしぎなことです。良質のコバルト顔料をたっぷり使えず、筆に含んだそれをできるだけ長く使おうとする気持が、画工にあったのではないでしょうか。洪武様式が元にくらべて流麗であるといわれるのも、その結果かもしれません。

また明朝の創業は、新しい時代の開始であると同時に、モンゴル族の支配を脱して、漢文化中心の時代に戻るという、復古の時代の開始でもありました。モンゴル的武骨さの修正ということも、景徳鎮の画工は考えていたかもしれません。

西アジアのコバルト顔料は、輸入がしばらくとだえますが、やがて再びはいるようになりました。東西にまたがる世界帝国のモンゴル時代だったからこそ、回々青《フイフイチン》が紹介され、その輸入も容易だったのでしょう。中国の王朝としての元はほろびましたが、モンゴル政権は北へはしり、西へも移動しました。そのため明は東西交易のために、シルクロードを利用するのが困難になったはずです。西アジアにティムールがあらわれて、各地を征服したのもこの時期です。コバルト顔料の中国への輸入は、おそらくおもに海路に頼ったことでしょう。

明は景徳鎮に御器廠《ぎょきしょう》を設けました。これによって、景徳鎮は一歩前進して、新しい時代を迎えることになったのです。

第九章

1

景徳鎮に明《みん》の御器《ぎょ》廠《きしょう》が設けられたのはいつであるか、はっきりしたことはわかっていません。『景徳鎮陶録』には、

――洪武二年、鎮の珠山の麓に廠を設け、陶を制して上方に供し官瓷と称し、以て民窯と別《わか》つ……。

とあります。

洪武二年（一三六九）は、元《げん》の順帝が北京から逃亡し、明の北伐が成功した翌年です。明の

国都でさえ、突貫工事の造営中でした。景徳鎮に御器廠を設けるのは、まだ早すぎるという気がします。

おそらく、その年に、明の朝廷から大量の注文が景徳鎮に出されたのでしょう。

王朝を創始した皇帝が、まずしなければならなかったのは、天を祀《まつ》ることでした。彼は天命を受けて皇帝の位に即いたのです。天を祀るのは負託にこたえる皇帝の義務であります。皇帝として人民を治めるには、五穀の豊饒《ほうじょう》を祈らねばなりません。地を祀るのです。また皇帝自身もその祖先の霊に即位を報告し、祭祀《さいし》をおこないます。

即位早々の大量注文は、私の推測によれば、祭祀用の器具であったとおもいます。

南宋期には、竜泉が景徳鎮を凌駕《りょうが》したことは前に述べました。元の中期になって、染付《そめつけ》の出現で景徳鎮は活況を呈し、やっと竜泉と肩をならべるようになったのです。南方の二大窯場のうち、明の朝廷の注文が景徳鎮だけに出されたのは、品物が祭器であったからでしょう。祭器は白くなければなりません。竜泉は青磁ですから、適当ではなかったのです。景徳鎮はまたしても、その白さで威力を発揮しました。染付にしても生地が白くなければできないものだったのです。

明の朝廷と早い時期に関係をもったということで、景徳鎮はさらに運がひらけたといえるでしょう。

復古的な気運からすれば、漢人の青磁好みによって、竜泉窯も繁栄をつづけてとうぜんです。ところが、竜泉は南宋末から元にかけて、過剰生産をしたのがたたったようにみえます。日本からも大量の注文が竜泉に出されました。しかも、大型のものが多かったのです。日本ではそうした竜泉青磁は、天竜寺青磁と呼ばれています。

足利尊氏が後醍醐天皇の冥福《めいふく》を祈るために建立したのが嵯峨の天竜寺でした。その寺を造営する資金を得るために、元に派遣した貿易船を「造天竜寺宋船」と呼んだのです。宋はすでにほろびて元になっているのに、宋船と呼んだのは、「元寇」によって元のイメージが悪すぎたからでしょう。略して天竜寺船と称し、それに積まれた青磁を天竜寺青磁と呼ぶようになったのです。

天竜寺青磁は暗緑色で、形も模様も鈍いかんじで、かつての砧青磁《きぬたせいじ》のように、びっしりときまったものではありません。厚手で、ときには黄ばんでいますが、これは竜泉窯の退歩を物語っているようです。大きいものを大量に造りすぎたのか、原料にも不足をきたしたということです。

景徳鎮が上り坂であるのに反して、竜泉は下り坂でした。明の中葉には、大水害に遭うという不幸もあり、窯が廃絶したと伝えられています。衰退期に、竜泉の陶工は、あるいはかつてとは反対に、景徳鎮に吸収されたことも考えられます。

西アジア産の良質コバルト顔料がすくなくなった時期、景徳鎮ではけんめいに、釉裏紅《ゆうりこう》で危機を突破しようと試みたようです。

洪武の末年、十四世紀末のことですが、大量のやきものが必要なときは、工匠を京に赴かしめて窯をおいて焼かせ、少量のときは饒・処（饒州の景徳鎮と処州の竜泉）で焼かせるべし、といった法令のようなものが出されたことが記録に残っています。それより以前に御器廠のようなものがあれば、このような法令が出されるわけがありません。

やはり景徳鎮に御器廠が設けられたのは、北京遷都以後のことでしょう。南京を国都としていた時代は、みやこから景徳鎮は近いので、なにかあれば関係役人を派遣するだけですみ、現地に専門の政府機関を設けるほどのことはなかったとおもわれます。

甥を討って即位し、北京に都をうつした成祖——永楽帝（一三五九——一四二四）は四回目の漠北親征中に死にました。永楽二十二年（一四二四）七月のことで、彼は六十五歳でした。長男の朱高熾が即位し、翌年を洪熙《こうき》と改元したのです。

一帝一元号制は明治以後の日本とおなじですが、皇帝が死んで皇太子が即位しても、その年は改元しないのが中国のしきたりです。日本では明治四十五年と大正元年、大正十五年と昭和元年、そして昭和六十四年と平成元年は重なっていますが、中国ではそのようなことはありません。

ところが、洪熙元年五月、新しい皇帝は在位僅か十ヵ月で死亡しました。四十八歳です。これが仁宗《じんそう》――洪熙帝ですが、その長男の朱瞻基《しゅせんき》が即位しました。そして、翌年を宣徳と改元すると予告したのです。

宣宗――宣徳帝は二十八歳で即位したのですが、彼は一年足らずのうちに、祖父の永楽帝と父の洪熙帝を失ったわけです。ずいぶん忙しいことでした。大葬が一年に二回もあり、しかも、北京遷都後、はじめてのことだったのです。

宣徳帝は即位すると、すぐに祖先を祀る奉先殿での儀式用の「祭器」を造らせました。祭器ですから白磁でなければなりません。とうぜん景徳鎮でつくることになったのです。そのために、中官の張善という者を饒州《じょうしゅう》へ派遣しました。中官とは、去勢された男性――宦官《かんがん》のことです。

御器廠が景徳鎮に設けられたのが、このときであるという説が有力です。即位の年ですからまだ改元していません。洪熙元年（一四二五）のことになります。

やきものに元号がはいるのは、宣徳から始まったことです。デヴィッド瓶のそれは願文の日付ですから性質が異なります。言い伝えによれば、北宋のころ、景徳年製、の四字を器底にしるすことを許されたことは前述しました。けれども、現物はまだ発見されていません。明になってからも、初期の三つの元号——洪武、永楽、洪熙が用いられましたが、これらの元号をしるした陶磁器は、まだ一点もみつかっていません。

——大明宣徳年製

これがはじめてです。御器廠が宣徳帝の時代に設けられた説の、これは有力な根拠でしょう。この文字のはいった作品こそ、御器廠でつくられたものにちがいありません。

2

宣徳帝が派遣した宦官《かんがん》の張善は、ずいぶんやりてであったようです。皇帝も仕事のよくできそうな人物をえらんだのでしょう。仕事のできる人物というのは、たいてい一癖《ひとくせ》も二癖もあるものです。

張善は景徳鎮に来ると、まずやきものの神様（祐陶神《ゆうとうしん》）を祀りました。『景徳鎮陶録』が『詹珊記《せんさんき》』という本を引用したくだりに、

――廠内に廟《びょう》を建つ

という句があります。御器廠を設けると同時に、守護神を祀る廟をつくったのでしょう。宣徳期に御器廠が設けられた可能性が、ますます強まるかんじです。

祐陶の神として祀られたのは、すでに述べましたように、晋朝に仕えたという伝説上の人物趙概《ちょうがい》でした。この地方の住民にやきものづくりを教えた人物ということになっています。神様を祀るのはいいのですが、それにご利益を祈るだけではなかったのです。絶対者としての神様をつくりあげ、その絶対性を人びとにおしつけることになります。戦時中の日本でも、軍国主義者が神様をかついで、いろんなことをしたのは、まだ記憶に新しいことです。

張善は景徳鎮に赴任して来ると、皇帝から命じられた仕事を上まわる量の生産を、陶工たちにおしつけました。夜を日についで働いても、とてもそんなに大量につくりことができません。そのことを訴えると、張善は、

――神に祈って働くのだ。

と言ったのでしょう。そのために廟をつくったのです。

陶工たちは夜も寝ないで働きました。張善は皇室御用の予定数よりも多くのやきものを造らせ、超過分は横流しして、自分の懐を肥やしたのです。過酷なノルマを課された陶工たちはあわれでした。

張善はやり方がまずかったのでしょうか、横流しが発覚して、逮捕されて処刑されたのです。彼が殺された宣徳二年（一四二七）の五月には、仁宗（宣徳帝の父）の位牌《いはい》を太廟《たいびょう》におさめる儀式がおこなわれました。このときに、景徳鎮の陶工たちの血と汗の結晶であった祭器が用いられたのはいうまでもありません。

『明史』の「食貨志」には、このとき景徳鎮に焼造を命じたのは、

——竜鳳文白瓷祭器《りゅうほうもんはくじさいき》

となっています。竜鳳の模様のはいった白磁ですが、その模様が彫られたのか、描かれたのかわかりません。彫られたという記録もあるようですが、この種の祭器らしい白磁はまだ発見例がないそうです。

景徳鎮陶瓷館には、宣徳の銘のはいった染付《そめつけ》が数点展示されていました。宣徳の染付は、一

つの頂点をきわめたものとして、高く評価されています。

張善の処刑で、景徳鎮がひきしまったこともあるでしょう。また御器廠は皇室用品をつくるための、庶民とはあまり縁のない機関でしたが、採算を度外視して優良品を造ろうとしたので、そこから新しい技法が生まれ、それが民間の窯に採用されるといったケースがあったにちがいありません。

その日その日の生活がかかっている民窯では、モトがとれるかどうかわからないのに、お金をかけて新しい実験などをするゆとりがないのです。コスト無視の御器廠の存在は、それ自体の使命以外の役目もはたしていました。

染付といえば宣徳が最高、というのがやきものの世界では、伝統的な常識です。はじめは「大明宣徳年製」の銘は、御器廠つまり官窯の製品だけに許されたらしいのですが、やがて民窯の品にも宣徳銘がはいるようになりました。

宣徳銘の品はやたらに多いのです。宣宗宣徳帝は、在位十年、三十八歳で死にました。宣徳という元号は十年しか用いられなかったのです。それにしては宣徳銘のやきものが多すぎます。その時代の民窯が宣徳銘をいれていただけではありません。

明は宣徳以後、十二の元号が用いられています。宣徳の例にならって、それぞれの時代の作品には、元号銘をいれるようになりました。が、天啓や崇禎など明末にはとくにそうでしたが、その時代の元号ではなく、勝手に「宣徳」の銘をいれることがあったのです。

宣徳銘をいれると、高く売れたので、そのようなことがおこなわれたのです。いや、明ばかりではありません。清にはいってからも、宣徳銘の作品がよくつくられました。このことは、宣徳期の景徳鎮が、どんなにすぐれたやきものをつくっていたかを物語るといえるでしょう。

宣徳染付の名声は、独《ひと》り高くそびえているふうでした。戦後になってから、元の染付が評価されるようになり、宣徳染付と肩をならべるようになったのです。染付についていえば、いまは二つの巨峰があるとみられています。

この両巨峰は、あらゆる意味で対照的です。元の染付は雄渾《ゆうこん》な筆致で、前述したように、「空間恐怖」といわれるほど、ぎっしりと模様がつけられていました。良くいえば、描きこんでいるのですが、悪くいえば、ごたごたしているという見方もあるでしょう。それにくらべて、宣徳の染付は空間がずっとふえています。筆致は流麗です。模様は整理されてきました。それは画工の美意識によるところもあるでしょうが、需要者の好みをも反映していたにちがいありません。

宣徳染付の空間がふえたのは、一つにはその胎土が元代よりもうつくしくなったことにもよるでしょう。不純物の混入が多ければ、それをごまかすためにも、できるだけ描きこんで、ブランクをすくなくしておかねばなりません。空間がひろがったというのは、胎土の白さについての自信が強まったことでもあります。それはとうぜん技術の向上の結果でしょう。

両巨峰といっても、二つの峰だけがそそり立って、そのあいだは深い谷になっているのではありません。なだらかな勾配《こうばい》で二つの峰が結ばれているのです。人によっては、宣徳の前に、それよりも高い峰があったと考えています。下界からみると、宣徳が高くみえるが、登ってみるとその前方の永楽のほうが高そうだというのです。

やきものの様式を、元号で呼ぶのは、この世界でのしきたりのようです。つぎに元末からの元号をリストアップしてみましょう。

元　至正（一三四一——一三六八）

明　洪武（一三六八——一三九八）

　　建文（一三九九——一四〇二）

　　永楽（一四〇三——一四二四）

　　洪熙（一四二五）

宣徳（一四二六——一四三五）

中国には明以後、日本の明治・大正・昭和のように同じ年に元号が重なることはないと申しましたが、それは同じ王朝での話です。元と明とは別の王朝ですから、元の至正二十八年（一三六八）と明の洪武元年は同じ年になっています。

洪武は三十一年でおわり、建文は四年でおわっています。

永楽帝は洪武帝の息子であり、建文帝の叔父にあたります。永楽帝は甥を攻めほろぼして簒《さん》奪《だつ》したのですから、自分の正統性を主張するためには、甥の支配した四年間を否定しなければなりません。

建文四年六月、建文帝は宮殿に火を放って最期をとげました。七月一日、簒奪した永楽帝は南郊に天地を祀り、父太祖をもあわせ祀り、詔を出したのです。

——今年は洪武三十五年を以て紀《き》と為す。明年は永楽元年と為す。……

太祖洪武帝は洪武三十一年に死んでいるのですが、成祖永楽帝が正統であるためには、このような無理な細工をしなければなりませんでした。

やきものの世界では、ここにリストアップした約百年間の作品を、至正様式、洪武様式、永楽様式、宣徳様式と呼びわけています。

建文が省かれているのは前記のようないきさつがあり、洪熙はたった一年ですから、これも省かれたのです。

このようにこまかくわけたのは、ごく最近のことで、アメリカのジョン・アレキサンダー・ポープ氏という研究家の説です。それまでは大雑把に、「元末・明初の染付」と呼ばれてきたものでした。ポープ氏の様式区分はまだ定説とまではなっていないようです。

3

なだらかな勾配《こうばい》を、べつに区切ることはないという考え方もあるでしょう。けれども、巨大な王朝がほろびて、新しい王朝がおこり、しかもほろびたのはモンゴル族政権であり、それにとってかわったのが漢族政権であってみれば、この変動期に様式が変わらないほうがおかしい、という考え方も説得力をもっています。

ただ洪武期の作品と確認できる遺品がすくないので、はっきりと洪武様式はこうだと言い切れない悩みがあります。文革前に、南京で明《みん》王朝宮殿跡が発掘され、陶磁片千数個が出土しました。その調査報告が発表されると、かなりはっきりするでしょう。新王朝のプライドからしても、明の宮殿では元《げん》の時代の作品を使わないはずです。自前のものを採用したにちがいありません。

前述したように、洪武期には西アジアの良質のコバルト顔料の輸入が杜絶《とぜつ》したという特殊事情がありました。

それにつづく永楽期には、すでにその問題は解決されたようです。永楽帝は即位早々、大艦隊を編成して海外へ遠征させています。六十二隻の巨船に、二万八千ほどの軍兵をのせ、鄭和《ていわ》（一三七一――一四三四）という宦官《かんがん》を総司令官に任命しました。遠征といっても、おもな目的はけっして戦争ではありませんでした。

永楽帝に攻められた甥の建文帝は、南京落城のとき宮殿に火をつけ、そこで最期をとげたといわれるのですが、いくらさがしても遺体がみつからなかったのです。地下道から逃がれて、国外へ脱出したという説もありました。艦隊遠征の目的は、海外へ亡命した建文帝の行方をさがすことでもあったともいわれています。

けれども、永楽帝の戸部尚書（蔵相）として、明《みん》初の台所をあずかった夏原吉《かげんきつ》は、この遠征艦隊を、

――西洋取宝船

と呼んでいます。

この命名は、いかにも経済官僚らしい発想ですが、おそらく本質をついているでしょう。国威宣揚によって、交易の利を得ることを期待したにちがいありません。長さ百四十メートル近くもあり、幅五十六メートルという三本マストの巨船の群れをみれば、沿海の諸国は明がたいへん豊かな国であることを実感したでしょう。

――こんな国と貿易すれば、ずいぶん利益があるだろう。

と、南海や西域諸国が、続々と朝貢使を送るようになりました。それは明をも潤おすことになったのです。

鄭和は宦官最高の内官太監のポストについていました。景徳鎮での汚職によって死刑になった張善は、おなじ宦官でも少監だったのです。鄭和は本姓は馬で、雲南の回教徒だったのです。中国の回教徒は、教祖マホメットの音をとって、馬を姓とする人が多かったのですが、鄭和の家もそうでした。明の宮廷に仕えて、鄭という姓を賜わったのです。

鄭和は前後約三十年のあいだ、七回にわたって、大艦隊の司令官として渡航しました。東南アジアから西アジア、さらにはアフリカにまでその足跡が及んでいます。

第一回遠征は永楽三年から五年（一四〇五――一四〇七）にかけてで、東南アジアからインド西海岸まで行っています。第四回は永楽十一年から十三年（一四一三——一四一五）までですが、ペルシャ湾のホルムズまで行き、別動隊はアラビア、アフリカ東海岸まで行きました。第五回、第六回、第七回と、その後は本隊か別動隊かが、かならず西アジアまで行っています。艦隊といっても、交易を兼ねていたのですから、とうぜん中国の物産を積んで行ったのでしょう。陶磁器がそれに含まれていたのはいうまでもありません。また西アジアまで行けば、かならずコバルト顔料を買付けたはずです。

鄭和がこの大役にえらばれたのは、彼が回教徒であることが一つの理由であったでしょう。東南アジアとくに西アジアは回教徒が多かったのです。鄭和もアラビアへ行ったとき、メッカへの巡礼を代参させています。

この鄭和航海の事実からみても、永楽期には、良質のコバルト顔料には不自由しなくなったと考えてよいでしょう。また彼の遠征は、見本市船のような性格もあったので、各地からつぎの注文を取って来たはずです。

西アジアからの注文は、とうぜんイスラム的なものになります。偶像はぜったいにだめです。人間だけではなく、動物でもいけません。とくに目玉は禁物です。いまでもイスラム圏への輸出のデザインに、目玉に似たようなものはタブーになっています。仏教徒がかつて造営した壁画などを、回教徒は目玉の部分だけ削りとっている例が多いのです。回教徒の好むデザインは、幾何学的な図柄で、唐草模様が歓迎されました。

江西の景徳鎮は、片田舎ですけれども、やきもののデザインの注文を通じて、世界と結ばれていたといえます。輸出用だけではなく、国内用のデザインにも、西アジアふうのアラベスク模様が多くなりました。

いつも思うことですが、明《みん》という王朝は、建国が二度あったという気がします。群雄の一人として、乞食坊主からのしあがり、元をほろぼして中国のあるじとなった朱元璋《しゅげんしょう》の建国はいうまでもありません。そして、甥から皇位を奪った永楽帝が第二の建国者ではないでしょうか。どの王朝でも建国者が祖と呼ばれます。漢をはじめた劉邦が漢の高祖です。唐の創始者李淵《りえん》（五六六――六三五）が唐の高祖で、建国に大功があった息子の李世民《りせいみん》（五九八――六四九）でも太宗であって、祖とは呼ばれません。元や清のように、塞外で建国し、のち中国にはいって政権をつくった王朝は、二人の祖をもつわけです。元はモンゴル帝国の建設者チンギス・ハーンを太祖と呼び、中国にはいって王朝をたてたフビライを世祖と呼んでいます。明はそれに該当しないのに、洪武帝の朱元璋を太祖と呼び、永楽帝を成祖と呼んでいます。

明は三十五年の南京時代と、それ以後の北京時代と、王朝の性格がすこし異なっていたようです。

南京時代の明は、モンゴルをたおし、ひたすら漢文化への復古をめざした、狭い中華主義にいろどられていたのです。北京へ遷都してからの明は、永楽帝がなんども漠北に親征し、鄭和になんども南海、西洋へ遠征させたように、中華的というよりはアジア的というべき性格をもっていました。

南京時代は内にとじこもり、北京時代は外にひろがる傾向があったのです。皇統は血がつながっていましたが、国号を変えてもおかしくないほど性格は異なっていました。

その相異が、景徳鎮のやきものに反映されないはずはなかったのです。景徳鎮も忙しいことでした。

4

景徳鎮陶瓷館にも、洪武期と明示された作品はありませんでした。南京時代の明のやきものの遺品がすくないことは前に述べたとおりです。ホープ氏などは世界じゅうに十八点しかないといっています。

太祖洪武帝は天下を取ると、部下の粛清をはじめました。元末の群雄は、洪武帝となった朱元璋を含めて、最下層から匍《は》いあがった人物ばかりでした。そして、たいてい自分が仕えた主君を殺して、乗っ取っています。それが一つのパターンでした。陳友諒《ちんゆうりよう》（一三二六——一三六三）などが最もよい例でしょう。

——いつクーデターで蹴《け》おとされるかもしれない。

洪武帝はそう思って、天下統一に大きな貢献をした部下を、いろんな理由をつけて、粛清したのです。そうすることによって、明王朝の基礎がかためられると信じたのでしょう。陰惨な時代であったといえます。洪武期は建国初期にしては、躍動する精神に欠けていたようです。トップがいつ殺されるかビクビクしているような時代は、その芸術表現にも活気のあるはずはありません。

まだ定説とはなっていませんが、洪武期のやきものの特色は、デザインがほとんど植物模様で、種類も限られ、筆致は「謹直」であるといわれています。やきもののデザインにしても、あまり出すぎたことはしないでおこう、という気持がそこにひそんでいるようです。それに加えて、良質のコバルト顔料が一時的に杜絶《とだ》えていたので、染付の発色がよくなかったという不運もありました。

第二の建国者の永楽帝も、甥の建文帝と戦ったあとの処分は残忍きわまるものでしたが、これは戦争の結果ですから、洪武帝の猜疑心《さいぎ》による粛清とは、やや性格が異なります。それに北京遷都ということがあり、たしかに人心は新たになったはずです。

永楽帝は豪華好みでした。鄭和の大艦隊の遠征でもわかるように、デカいことはよいことだ式の考え方をもった人物だったようです。独裁君主制時代にあっては、皇帝の性格があらゆるところにしみとおります。家来たちは皇帝の意向を迎えて、万事、豪華に仕立てようとするでしょう。景徳鎮へやきものを注文する場合にも、皇帝の気に入るように、皇帝好みの指示をしたにちがいありません。

官窯の製品に元号銘をいれるのは宣徳になってからですから、永楽のものにはそれがありません。もっとも北京の故宮博物院に永楽染付の杯三点に「永楽年製」の文字があるそうです。一点は獅子《しし》が奪い合う珠《たま》のなかに書かれ、あとの二点は五弁の花の中心に書かれています。模様のなかに書きこんだもので、デザインとしての思いつきで、純粋の紀年銘とはいえないでしょう。この三点を例外として、ほかに一点もないのですから、しきたりとして元号銘をいれることは、永楽時代にまだなかったことがわかります。

西アジアのコバルト顔料の輸入が再開され、藍青色が美しくなった染付で、宣徳銘のはいっていないものを、永楽と考えることもできるでしょう。けれども宣徳と改元されて、すぐに銘をいれるようになったとは思えません。宣徳初年にはまだ無銘の時代があったはずです。永楽染付と確定するのは、だいぶ難しいといわねばなりません。ただ永楽と思われるものに大型の盤が多いことは、たしかに永楽帝好みだとうなずかせるものがあります。

大盤は轆轤《ろくろ》技術がしっかりしていなければ、歪《ゆが》みが出るものです。景徳鎮の轆轤技術が進歩したので、大皿を焼けるようになったのでしょうか？

私はそうではなくて、皇帝好みの大皿の注文がきたので、けんめいに轆轤に取組み、その技法を会得したのだとおもいます。私たちがいま目にしている永楽大皿のかげに、どれほどの失敗作があったことでしょうか。歪んだり、ひび割れしたり、砕けたりしたものが、いまも物原《ものはら》の土に埋もれているはずです。民間の日常用品としては、これまでそんなに大きな皿の注文はなかったでしょう。

皇帝あるいは皇帝に迎合する役人の無理難題が、景徳鎮の技術を向上させることになった。――そう考えるほうがしぜんなような気がします。やきものに限りません。困難な問題がおこると、どんな分野でもマンネリが打破されるものです。

たとえば大正の二ケタと昭和の一ケタのあいだに、ある地方の工芸について、はたしてほんとうに見分けがつくでしょうか。私は二十二年の永楽と、一年の洪熙をはさんだ十年の宣徳を、一つの時期と考えていいようにおもいます。

たしかに永楽期には、創業の時代であり、作品には清新の風格があったでしょう。すぐれた作品がつくられると、しばらくはそれに追随する作品がうまれます。形や模様は似ています。しかし、似せようとする側は、筆にためらいがあり、自由にのびないという欠点があるでしょう。それが永楽と宣徳のちがいであると指摘されるようです。けれども、現在にのこっている作品は、当時つくられたものの何パーセントにあたるでしょうか？ 少数の遺品をもとにして考えるときは、断定的な結論は保留すべきようにおもいます。

景徳鎮陶瓷館の展示品の説明プレートにも、こまかい時代区分はしていません。明とか清といった朝代をしるし、紀年銘のあるものだけを、宣徳とか万暦とか、あるいは雍正と明示していました。

5

永楽の大皿群に、専門家はその轆轤《ろくろ》技術のたしかさに感心しているようですが、景徳鎮は大物を扱った経験がないわけではありませんでした。

陶瓷館の展示品のなかにも、「元青花釉裏紅荷盤《げんせいかゆうりこうかばん》」という、蓮《はす》模様のすぐれた大皿がありま

した。景徳鎮の作品にまちがいないものです。一九六五年にここを訪れた小山冨士夫氏が、

――元釉裏紅の大皿は列品中で光っていたが、これは北京の故宮博物院のものだそうである。

と書いていますが、おそらくこの皿のことでしょう。どうやら十数年も北京から借りっ放しのようです。

ここの展示品は、収蔵品の一割ほどにすぎないということでした。ときどき展示品をかえるのでしょうが、やはり逸品とおもわれるものは、ずっとならべておきたいのでしょう。

明《みん》代の染付は、国庫から資金が出て、材料も調達しやすい御器廠――官窯からすぐれた作品がうまれたのはいうまでもありません。けれども、資金に限度があり、生活がかかっているので、たえず採算を気にしなければならない民窯からも、かずかずの名品がうまれています。それはどちらかといえば、庶民に親しみやすいものです。

明初の景徳鎮の民窯では、人物図のやきものがよくつくられていました。日本ではこれを、「雲堂手《うんどうで》」あるいは「雲屋台《うんやだい》」と呼んでいます。人物の背景に雲形がえがかれ、楼閣のあるものが多いのです。雲はすぐれた人物や神仙のシンボルでしょう。『三国志』のシーンをえがく

例が最も多いということです。中国では字の読めない人でも、講談で三国志の物語をきいて知っています。いちばんなじみのあるテーマです。

官窯で人物図のやきものがつくられなかったわけではありませんが、明初ではきわめてまれです。出光美術館所蔵の馬上杯には、女性が四阿《あずまや》に坐っている図がえがかれ、宣徳銘があるので官窯であったことがわかります。官窯のほとんどは植物模様で、アラベスク、そしてせいぜい竜ぐらいまでが主流です。

復古主義の文人は、モンゴルのはいって来る前の宋代にかえることを理想とし、やきものについても宋磁を最高視しました。器面に絵をかく染付などは、モンゴルという夷狄《いてき》の支配した時代にはじまったことで、できることなら撲滅したいとおもったことでしょう。

けれども、時代はうごいているのです。そっくりそのまま宋にもどることはできません。復古派は唐草模様ぐらいまでは、仕方なしに認めたでしょうが、人物図には「俗っぽい」と、首を横に振ったとおもわれます。

元の染付には、芝居に題材をとった人物図がすくなくありません。王昭君が琵琶《びわ》を抱いて、匈奴《きょうど》へ赴くところをかいた壺があります。中国の湖南省で出土した元の染付の玉壺春瓶には、武将図がえがかれ、「蒙恬《もうてん》将軍」という旗をかかげてありました。蒙恬将軍は秦の始皇帝から匈奴討伐を命じられ、万里の長城を築いた人物です。匈奴とつながりのあるモンゴル時代に、匈奴討伐の将軍を壺にえがいたのは、あるいは一種のレジスタンスだったのでしょうか。

元《げん》代は芝居が質的に向上した時期でした。世が世であれば四書五経に精通し、科挙に及第して高官になるべき文人が、元の科挙廃止によって目標を失い、才能のある人が戯曲をかいたことは前述しました。関漢卿《せきかんけい》（一二〇〇——一二五〇）をはじめ、すぐれた文人が戯曲に筆を染め、それが芝居をレベルアップさせたのです。

明初の民窯の人物図は、元の染付の人物図の伝統を継いだことになります。官窯がかえりみようとしなかったものを、民窯が拾いあげたわけです。

いわゆる雲堂手は、気取ったインテリ士大夫ではなく、庶民の庶民的感覚をもった人によろこばれたのでしょう。この手の人物図のやきものは、きびしく偶像を否定するイスラム教圏へは輸出されるはずはなかったのです。ただし、トルコのトプカプ・サライ博物館のコレクションには、胡人楽舞図など人物図がまったくないわけではありません。

明初ごろになれば、やきものに絵付をするのは、ふつうの画家ではなく、それ専門の絵付師の仕事になっていたでしょう。物語を絵にするには、うごきがなければならず、唐草模様などのような手間仕事が多いものとちがって、雲堂手はまだふつうの画家の手を借りたかもしれません。インテリはそっぽをむいたでしょうが、雲堂手にはなかなかおもしろい絵があります。

宣徳帝の十年が、明文化の黄金時代であったといえるでしょう。彼の祖父の永楽帝は、豪放な性格で、たしかに活気のある時代をつくりあげましたが、親征や遠征など、やることが大きすぎて、財政面でもかなり問題がおこっていたようです。息子の洪熙帝は、父の行きすぎをチェックし、父亡きあとは南京へ遷都しようとさえ考えていました。しかし、彼は在位一年足らずで、じっさいにはなにもできなかったのです。

宣徳帝はベトナムから軍隊をひきあげました。当時のベトナムは明の版図にはいっていましたが、その独立闘争に手を焼いていたのです。泥沼《どろぬま》から足を抜いたことは、祖父の拡張政策の修正でした。しかし、父の考えていた南京遷都はとりやめたのです。祖父と父との方針を、足して二で割った形になります。北方の外征をやめ、ベトナムから手をひいたことで、財政にもゆとりができたでしょう。艦隊の遠征は一回おこないました。これは戦争ではなく、交易がおもな目的だったからです。鄭和はまだ健在でした。これが鄭和の七回目の航海で、最期の航海にもなったのです。

贅肉《ぜいにく》をおとした明王朝は、国力が充実し、人びとは平和をたのしみました。宣徳帝は書画にもたくみな芸術家皇帝でした。上にそのような皇帝がいたので、景徳鎮は官窯も民窯も繁栄し、すぐれた作品をつくりあげることができたのでしょう。

けれども、この宣徳帝が三十八歳で死ぬと、明の国運にも翳《かげ》りがみえてきたのです。

歴代王朝のなかで、明は皇帝の独裁性の最も強い政権でした。したがって、皇帝の資質によって、国運が大きく左右されがちだったのです。

宣徳帝のあとをついだのは正統帝で、即位したのは僅か九歳のときでした。太皇太后、つまり祖母が新帝を後見することになったのです。太皇太后は女性ですから、ふつうのときは朝廷に出ません。後宮、すなわち大奥にいるのです。男子禁制ですから、大臣が政治上のことで進言したり、相談しようとおもっても、会いにいくことはできません。大奥へ行けるのは男性でなくなった男――宦官《かんがん》だけでした。こうして正統帝の時代に、宦官が実権をもつようになったのです。

宦官かならずしも悪玉ではありません。七回の大航海を指揮して、三宝太監と呼ばれた鄭和も宦官でした。一世紀に紙の製法を発明して、人類の文明に大きな貢献をした後漢の蔡倫《さいりん》も宦官でした。宦官にたいへんな天才がいると同時に、たいへんな人間の屑《くず》もいたのです。

不幸にして、正統帝を輔佐することになった宦官は、あまり質が良いとはいえない人物でした。それは王振という名の宦官だったのです。

王振はもと学問をもって教職についていたふつうの学官でした。永楽末期に、後宮の宮女たちにも教育を授けねばならないということになりましたが、当時、まだ女性で教官になれる人がすくなかったのです。かといって、男ではいけません。けれども、男性でない男ならよかったのです。

――女官の教育だから、そんなに優秀な先生でなくてもよい。学官のなかで、あまりデキのよくない人間で、「浄身」を希望する者があれば、彼らをその役にあてよう。

ということになったそうです。

「浄身」というのは、性欲がないので清浄な身であるという理屈で、宦官のことを意味したのです。じっさいには、当時の去勢法では、性的行為は不能になりますが、性欲は残るのだということですが、そこのところはよくわかりません。

いくらなんでも、志願して去勢されるような人間がいるとは思えません。けれども、いたのです。――王振がそうでした。

「浄身」になった王振は、後宮へも出入りができるようになり、「後宮では第一の学者」ということで、ついに皇太子の教育掛に出世しました。その皇太子が正統帝（一四二七――一四六四）です。正統帝は即位してからも、王振を「先生」と呼び、その言うことなら、なんでもきいたといいますから、うまく教育したものです。

正統年間（一四三六——一四四八）でも、その初期は宣徳時代の大臣たちが健在でしたので、まだ宣徳の盛時の余光を浴びることができました。

『明史』「食貨志」には、

——正統元年、浮梁（景徳鎮）の民、瓷器五万余を進《すす》む。鈔《しょう》を以て償《つぐな》う。……

というくだりがあります。鈔というのは紙幣のことです。読んだかぎりでは、景徳鎮の住民が五万余件の磁器を献上し、朝廷ではそれにたいして紙幣で支払った、ということになります。焼造を命じたということばがないので、なにやら景徳鎮の住民が、朝廷に押し売りをしたようにきこえます。

けれども、じっさいには命令であったにちがいありません。翌正統二年（一四三七）には、先帝宣徳帝の位牌《いはい》を太廟《たいびょう》におさめるという大行事があったのです。そのためには、おびただしい祭器を必要としました。とても官窯だけでは間に合わず、民窯にも発注されたのでしょう。それが、「浮梁の民云々」という表現になったとおもわれます。『明史』は前記のくだりにつづいて、つぎのような文章をのせています。——

——黄、紫、紅、緑、青、藍、白地青花諸瓷器を私造することを禁ず。違う者、罪は死。

……

これをよく読めば、あらゆる磁器を造ってはならない、ということになります。言いかえると、景徳鎮のすべての窯《かま》は、朝廷のために焼造しなければならないことになり、民間に一件でも流せないのです。違法者は死罪ですから、この命令はじつにきびしかったことがわかります。民用のものを焼くなというだけではなく、おそらく各民窯にも数量の割当てがあったにちがいありません。そのノルマを達成するために、景徳鎮の陶工たちは、どんなに苦しんだことでしょうか。『明史』「食貨志」をさらに読み進みましょう。——

——宮殿、成（竣工）を告ぐ。命じて九竜九鳳膳案《きゅうりゅうきゅうほうぜんあん》諸器を造らしむ。既《すで》にして又、青竜白地花缸《こう》（かめ）を造らしむ。王振、璺《きん》（器のひび割れ）有る為を以て、錦衣指揮を遣《つか》わし、提督官を杖し、勅して中官を往きて督し更に造らしむ。……

このころ、北京の紫禁城では、宮殿造営の大工事がおこなわれていたのです。『明史』の「本紀」によりますと、乾清宮と坤寧宮の二宮、および奉天、華蓋、謹身の三殿が竣工《しゅんこう》したのは、正統六年（一四四一）十一月のことなっています。

宮殿が完成したあとも、あれやこれやといろんなものを景徳鎮に造らせたのです。九竜九鳳など豪華きわまる食器類から、大きな磁器類で宮殿を飾ろうとしました。花を生ける大花瓶から、珍魚を飼うための大甕《かめ》にいたるまで、贅《ぜい》を尽した装飾の難しい注文があったのでしょう。景徳鎮の陶工もたいへんだったでしょう。宣徳帝は宣徳十年の正月に死んだのですから、おそらく朝廷の発注命令は、この年からはじまり、約七年間、やれ祭器だ、やれ新宮殿の什器だと、陶工たちは休みなしに働かされたのです。

陶工ばかりではなく、監督官もたいへんでした。北京へ送った品物のなかに、ひび割れのものが混じっていたのです。王振は錦衣衛《きんいえい》の役人を景徳鎮に派遣して、提督官（焼造を監督している役人）を杖刑《じょうけい》に処したといいますから、ひどいことでした。

明代では宮廷でも廷杖といって、大臣でさえ皇帝から杖でたたかれる刑を受けたものです。もちろん、皇帝みずから杖をふるうのではなく、専門の刑吏がいて、力まかせにやるので、死にいたることが多いのです。

監督不行き届きのため、景徳鎮駐在の役人は杖刑をうけましたが、彼がそれで死んだかどうかは、歴史に記録されていません。

錦衣衛というのは、皇帝に直属している秘密警察で、その長官および幹部はほとんど宦官《かんがん》によって構成されていました。指揮というのは錦衣衛のなかの官職名です。宦官にちがいありませんから、もちろん王振の息がかかっています。

杖刑を受けた提督官は、納品のときに検査基準をゆるめたのでしょうか。陶工たちに同情しすぎたのかもしれません。そのために、その身に杖を受けねばならなかったのです。

――ふつうの役人は信用できない。やはり中官（宦官）でなければならん。

王振はそう言って、宦官を派遣して、さらに焼造を監督させたのです。おそらく血も涙もないような宦官が赴任したことでしょう。うっかり陶工に同情しようものなら、前任者と同じ運命に遭うのです。

景徳鎮はまさに息を絶え絶えになったことでしょう。

第十章

1

景徳鎮は、王振のために、さんざんな目に遭いました。最初は暴風雨のような注文攻勢によってです。納品にひび割れがあれば、監督官が杖で打ちのめされます。記録にはのこっていませんが、納品者が誰であったか、わかったはずですから、その窯《かま》の陶工たちがどんな目に遭ったか、想像するに耐えないほどです。

王振はこんなふうに景徳鎮に一撃を与えてから、こんどはやきものの注文さえ出すに出せないほど、明《みん》王朝を破滅の淵に近いところまでつきおとしたのです。

明という政権は、そもそもの建国のときから、宦官《かんがん》のつけこむスキがありました。王朝創始者の朱元璋《しゅげんしょう》が、異常に猜疑心《さいぎしん》の強い男だったのです。昨日まで肩をならべて、ともに戦っていた同志でさえ、情け容赦なく粛清しました。いつかこの男に乗っ取られるかもしれないとおもうと、予防的措置で殺してしまったのです。あるいは一種の被害妄想だったかもしれません。そんな人物にとって、頼りになるのは、去勢された奴隷的存在である宦官だけでした。

人間の欲望のなかで一ばん強いのは、子孫のためになにかを残してやりたいということです。子供を生む能力のない宦官には、この最強の欲望はなく、その分だけ、主人のためにけんめいに尽してくれるだろう、と期待したのでしょう。

けれども、洪武帝朱元璋は、宦官は頼りになる「家の奴隷」ではあるが、視野の狭さと、肉体的欠陥による異常性とで、政治をまかせるにはふさわしくないと知っていました。そんなわけで、

——中官は政治に関与することを禁じる。

という大方針をたてていました。そして、罪を犯した場合、宦官はほかの官僚などよりも重く罰するしきたりがあったのです。宣徳帝十年の治世でも、袁琦《えんき》、阮巨隊《げんきよたい》、裴可烈《はいかれつ》といった大物宦官が磔《はりつけ》になったり斬刑《ざんけい》に処せられたりしています。景徳鎮でやきものの横流しをした宦官の張善が、死刑になったことはすでに述べました。そんなわけで、宦官は戦々兢々《きようきよう》として、できるだけ政治から遠ざかろうとしていたのです。

ところが、正統期になってから、宦官王振が政治に首をつっこみました。太祖創業以来七十年になりますが、政治の世界の玄関に、堂々と踏みあがった宦官は、王振がはじめてといってよいでしょう。裏口でこそこそとやっていた例はあったでしょうが、宦官はけっして表舞台に立とうとしなかったものです。

なぜ王振がそんな大胆な振舞いをしたのでしょうか？　どうやら彼は宦官として、後宮に出入りしているうちに、後宮の秘密を握ったかららしいのです。

——おれが、ひとこともらせば、ただごとではすまないぞ。……

王振にはそんな自信があったようにおもわれます。

正統帝の出生にからむ秘密まで、王振は握っていたようです。

宣徳帝にはれっきとした皇后がいました。胡氏といってりっぱな女性でしたが、病弱で子供がいません。そして孫氏という貴妃が宣徳帝の寵愛《ちょうあい》を受け、彼女が生んだのが正統帝ということになっていました。

孫貴妃は野心の多い女性だったようです。いや、野心家は、孫氏を少女のころから育て、彼女をわが息子の宣徳帝にすすめた、当時の皇太后だったかもしれません。皇太后の張氏は洪熙《こうき》帝の正妻で、夫が即位一年足らずで死んだので、皇后の位についたのは僅かのあいだだけでした。

皇太后となった張氏は、自分の娘同様にしている孫氏を皇后にすれば、自分の地位も安定すると考えたようです。孫氏は貴妃から皇后に昇格しました。その前に皇后の胡氏が皇后を辞退しなければなりません。

美談がつくられましたが、それは茶番劇でした。皇后胡氏が辞退を申し出るが、皇帝はそれを許さない。しかし、孫氏が皇太子の生母であるので、群臣にはかったところ、孫氏が皇后に昇格することに賛成であるということになったのです。

孫氏が皇后になれたのは、とにもかくにも、皇太子の生母であったからです。そうでなければ、いくら茶番劇の名作家でも、このような筋は書けません。ところが、じつは皇太子は孫氏の生んだ子ではなかったのです。宣徳帝が手をつけた宮女の生んだ子を、孫氏が自分が生んだように偽装したのが真相でした。正統帝を生んだ宮女の運命がどうなったのか、正史はそれを記録していません。おそらく闇《やみ》から闇に葬られたのでしょう。

どうやら王振はそこまで知っていたようですから、彼に頭のあがらない宮廷人が多かったのです。しかも、幼少の皇帝は彼の教え子でした。

彼ははじめから宦官ではなかったのです。学官としてあまり成績はよくなく、志願して宦官となり、皇族たちに近づく身となりました。そのときから、心に期するところがあったのでしょう。士大夫階級のやつらを、いまに見返してやろうとおもっていたようでした。権勢の座についてから、彼は自分にへつらおうとしない高官を、いろんな口実を設けて、つぎつぎと投獄し、処刑してしまったのです。それはまるで復讐《ふくしゅう》のようでした。

王振は野心に燃えていました。鄭和《ていわ》を意識していたのかもしれません。鄭和は宦官でありながら、大遠征艦隊を率いて、七たびも出洋して国威を宣揚し、宣徳の末年、栄光につつまれた生涯を閉じました。王振は第二の鄭和になろうとしたのでしょう。いや、鄭和以上の栄光を望んでいたようです。

そのためには、かがやかしい武勲をたてねばなりません。彼はその機会をうかがっていたのです。

その機会がきました。

くわしいいきさつは省略しましょう。太祖に追われて塞外に逃げたモンゴル族は、その後、集合離散をくり返しましたが、当時、オイラート部族の首長エセンが勢力を得ていたのです。モンゴル族はきわめて現実的、実利的だったので、首長の座を確保したり、その権力を伸ばすには、部下に豊かな生活を与えねばなりません。

モンゴル族にとって、金のなる木は明国《みん》だったのです。馬市といって、馬をひきつれて行き、明に買ってもらいます。馬をつれて行く使節の数に応じて、別に賞与が出されることになっていました。明にとっては、べつに馬など欲しくないのですが、モンゴル族が辺境であばれると面倒なので、馬市に応じていたのです。明は馬の数や使節の数を制限しようとしますが、エセンはそうはさせじと、かえって増額を要求する始末でした。そして、大軍を率いてデモンストレーションをおこなったのです。

「おとなしくしておれば、つけあがるばかりです。陛下みずから大軍を率いて親征なさいませ。曽祖父成祖（永楽帝）も、たびたび親征して、明の武威を轟《とどろ》かせました。不肖、この私めが、全軍の指揮をとりましょう」

と、王振は進言しました。

無謀な、と反対する声も多かったのですが、王振は出兵を強行しました。鄭和に劣らぬ手柄を立てるチャンスです。教員あがりの宦官で、軍隊を指揮した経験などはないのですが、大軍を率いて行きさえすれば、勝てるものとおもっていたとみえます。

正統十四年（一四四九）、皇帝はすでに二十三歳となっていました。五十万の大軍が北京を発って北へむかったのです。王振には戦略も戦術もありません。五十万という数にモノをいわせようとするだけです。モンゴル軍はこの数を見れば逃げ出すだろうと期待していたのでしょう。

――このようなことで、陛下が漠北に親征なさることはございません。帰還なさいませ。

心配した大臣が跪《ひざまず》いて進言しましたが、王振は、

――腐儒め！　腰抜けめ！

と、相手にしません。

ところが、大同まで行くと、モンゴル軍に殲滅《せんめつ》された明軍将兵の死屍《しし》が累々としていました。モンゴル軍は戦うつもりだったのです。王振はおじ気づき、やっと帰還することにしました。それも急がねばなりません。二日のあいだ水も飲まずに、疲弊困憊《こんぱい》し、北京の北約百キロの土《ど》木堡《ぼくほ》までたどりついたところを、待ち構えていたエセンの騎兵団が襲いかかりました。

全滅の惨状です。第二の鄭和の夢破れて、王振は乱戦中に殺され、正統帝はモンゴル軍の捕虜となりました。王朝末期の滅亡時ならともかく、明はまだ全盛を誇っていたのです。そのようなときに、皇帝が捕虜になるなど、前代未聞のことといわねばなりません。

2

紫禁城では、北京を放棄して南京へ遷都しようという意見も出ましたが、強硬派の于謙《うけん》の主張によって、断乎、北京でモンゴルを迎え撃つことになりました。そして皇太后の令旨によって、正統帝の異母弟の朱《しゅ》祁鈺《きぎょく》が即位しました。これが景泰帝です。

エセンの指揮するモンゴル軍は、皇帝のいない北京はすぐに降伏するだろうと、タカをくって南下したのですが、北京は于謙によって固く守られていました。しかも、新帝がすでに即位し、モンゴルが捕虜にした正統帝は、人質の役にも立たないことがわかったのです。モンゴル軍は北京城を五日間包囲しただけで、あきらめて北へひきあげました。ぐずぐずしていると、各地の明軍がうごいて逆包囲されかねなかったからです。

正統帝は一年あまりの捕虜生活ののち釈放されましたが、北京の紫禁城にはすでに景泰帝が玉座に坐っています。

景泰八年は異例の年でした。景泰帝は前年の十二月から病気で、正月の朝賀の式も中止になりました。モンゴルの捕虜と紫禁城幽閉七年余に耐えた上皇正統帝は、この正月、クーデターを敢行して、皇位を奪回したのです。重病の景泰帝を幽閉し、再び皇帝に返り咲き、元号を天順と改めました。中国の伝統に反して、景泰八年と天順元年とはおなじ一四五七年です。元号で皇帝を呼べば、正統帝と天順帝とは同一人物です。廟号はとうぜん一つで、英宗といいます。英宗は天順八年（一四六四）に死に、その長男の朱見深《しゆけんしん》が即位し、翌年、「成化」と改元されました。

不名誉な「土木の変」の敗戦をはさむ二十数年は、景徳鎮の暗黒時代といわれています。記録がありませんし、この時期に焼造されたと確認できる作品もないのです。英宗が皇帝に返り咲いたあとも、明の宮廷では陰謀が絶えませんでした。英宗の復位に貢献した曹吉祥《そうきちしよう》やその甥の曹欽は、皇位簒奪《さんだつ》をはかったとさえいわれています。やきものどころではなかったのでしょう。

大量注文の殺到、一転して政局不安による注文皆無——といったふうに、景徳鎮はふりまわされたのです。

七年あまり皇位についていた、景泰帝の時代に、西方から七宝焼が伝わってきたといわれています。景泰帝は七宝を愛し、それを北京でつくらせたそうです。いまでも七宝は北京の名産ですが、工匠は広東出身者が多いということです。広東経由で伝わったからでしょう。現在の中国でも、七宝のことを「景泰藍《チンタイラン》」と呼びます。当時、ようやく良質のコバルト顔料がすくなくなっていたのですが、景泰帝はそれを七宝製造用にまわしたという話も伝わっています。もしそうだとすれば、染付を命とする景徳鎮は、原料をストップされて、困ってしまったはずです。

明の政局不安は、憲宗成化帝の時代になって、どうやら表面的にはおさまったようです。宮廷には万という姓の女丈夫が皇帝のそばにひかえて、宦官の跳梁《ちょうりょう》を許さなかったことにもよるでしょう。

成化帝の父の英宗が土木堡《どぼくほ》でモンゴルの捕虜となったとき、皇太后は妥協措置として、英宗の異母弟（景泰帝）を皇帝にするかわりに、皇太子には英宗の長男（成化帝）を立てることにしたのです。このとき成化帝は僅か二歳でした。そして、十九歳の万氏が侍女にえらばれて、皇太子の世話をしたのです。

そのうちに、景泰帝は我が子に皇位を伝えたいとおもうようになりました。皇帝の座はなかなか居心地がよかったのでしょう。いろいろと工作をして、皇太子をとりかえました。成化帝が皇太子を廃されたのは五歳のときで、父のクーデターで再び皇太子に立てられたのは十歳のときでした。父の死によって、彼は十七歳で皇帝になったのです。万氏はそのあいだ、ずっと成化帝につきっきりでした。

子守役の侍女だった万氏は、いつのまにか少年皇帝の貴妃になっていました。十七歳年長の三十四歳という熟《う》れた女性です。さすがに彼女は皇后になろうとはしませんでした。貴妃で満足しましたが、皇后をえらぶにあたっては、彼女の意向が重きをなしたのです。成化帝は万貴妃なしでは、一日もすごすことはできません。万貴妃は女ながらも、いつも武装して成化帝のそばにいたそうです。愛妾とボディーガードを兼ねていたことになります。

成化二十三年春、万貴妃が五十八歳で急死すると、成化帝もその年の八月に世を去りました。やはり彼女がいなければ、生きられなかったのでしょうか。

ひとことでいえば、成化二十三年間は、女性的な時代と呼べるでしょう。この時代に、景徳鎮もようやく回復してきました。

……成化の間《かん》、中官を遣わして浮梁の景徳鎮へ之《ゆか》しめ、御用の瓷器を焼造すること、最も多く且つ久し。費は貲《はか》られず。……

と、『明史』「食貨志」にみえます。景徳鎮は活気をとりもどしましたが、その作風は時代を反映して、女性的なところがかんじられるようです。

形も絵付も色合も繊細になってきました。永楽期のような大きなものはなく、たいてい小品といえるものでした。ぜんたいに神経の行き届いた、そして上品なものが主流です。模様も竜《りゅう》鳳《ほう》さえ影をひそめ、もっぱら植物模様ばかりになりました。たしかに品のよい小さな成化の碗《わん》や杯に、竜鳳のデザインは似つかわしくありません。

成化期の景徳鎮には「斗彩」という新しいタイプのやきものが登場しました。豆彩《とうさい》とも書かれ、闘彩ともいわれているものです。それはコバルト顔料で、細い線の輪郭をえがき、染付《そめつけ》のようにそのうえに釉をかけて焼き、さらにそのうえに絵具で彩色するもので、余白が多く清楚なかんじがします。ほとんどが小品です。

色彩がたがいに競い合うので「闘彩」というとか、色の主役は緑で、小品ばかりなので「豆彩」と呼ぶなど、いろいろな説がありますが、よくわかりません。

景徳鎮のやきものは、うつくしいブルーの染付の時代から、多彩な赤絵時代を迎えることになりました。

赤絵は成化から始まったのではありません。宋赤絵といわれるものが景徳鎮でも、元のころからあったという説もあれば、宣徳からという見方もあります。宣徳の釉裏紅《ゆうりこう》はみごとなものですが、そのあざやかな紅は、青以外の色に目をむけさせることになったのかもしれません。

赤絵というのは、日本での呼び方です。赤が主役ですが、ほかの色も使います。中国ではふつう「五彩」と表現しています。日本の命名は感性的で、中国のそれは理性的といえるでしょう。また釉の下に絵付をする染付《そめつけ》にたいして、上絵付《うわえつけ》と呼ぶこともあります。

たしかに赤絵には長い前史があるでしょうが、じっさいに露払いをつとめたのは成化の斗彩といってよいのです。この愛すべき斗彩は、きわめてすくないといわれています。長い歳月のうちにしだいに失われて、すくなくなったのでもありません。はじめから多くつくられなかったのです。『唐氏肆攷《しこう》』によりますと、成化から百年しかたたず、そのあいだに大戦乱もなかった万暦年間に、成盃（成化の盃）一対が、十万銭もしたとして、

――明末、已に貴重なること此《かく》の如し。

と、述べています。おそらくこの成盃というのは斗彩のことでしょう。

『予章陶誌』という本には、成窯（成化期の窯）に「雞釭盃《けいこうはい》」というのがあって、酒器としては最高のものだと述べています。上に牡丹《ぼたん》、下にめんどりとひよこをえがき、

――躍々《やくやく》として動かんと欲す。……

と、形容していますが、これも斗彩にちがいありません。北京の故宮博物院にもあり、外国にも「チキン・カップ」として知られています。

「大明成化年製」の銘がありますから、官窯で焼かれたのはいうまでもありません。しかし、数すくない斗彩が、絵としても名品ぞろいなので、景徳鎮の絵付師の手になるものではなく、かなりの画家、ひょっとすると宮廷画人が絵付をしたのかもしれないといわれています。

染付は青一色ですが、赤絵になると色の配合も考えねばならず、その事始《ことはじめ》には、一流の画人の指導が必要でしょう。宮廷筋ではそのことを思いついたかもしれません。

3

宋《そう》の歴代皇帝は、徽宗《きそう》が最も好い例ですが、芸術的資質に恵まれていました。それにくらべると、明《みん》の諸帝はこの方面では、ずいぶん見劣りがします。性格破産者的な皇帝なら多いのですが、芸術才能のある皇帝といえば宣徳帝ぐらいのものでしょう。

明はその建国精神から、唐宋への復古をめざしていましたから、唐宋にならって、宮廷に画院を設けましたが、画院の活動はあまりパッとしません。宮廷にあるのは陰謀と嫉妬《しっと》の空気で、芸術的な雰囲気には欠けていました。それでも宣徳期には、辺文進《へんぶんしん》や戴進《たいしん》といったすぐれた画人が画院にいました。渡明《とみん》した雪舟《せっしゅう》（一四二〇――一五〇六）が学んだ李在も、おなじころの画院の人です。

戴進などは妬《ねた》まれて中傷され、画院を追放されて窮死したというのですから、明の画院の空気の濁り工合が想像できるでしょう。それでも、当時としては一流の画人が宮廷にいたのです。成化期の画院には、辺文進や戴進の弟子クラスの人がいたはずです。彼らが斗彩に絵付をした可能性があります。直接やきもののうえに絵付をしないにしても、紙にお手本をかき、景徳鎮の画工が、それをもとにしてかいたことは、じゅうぶん考えられます。

デヴィッド夫人は、例の多才多芸の万貴妃が、やきものにも大きな関心をもち、みずからも絵付の題材をえらぶことに関与したのだと推測しています。万貴妃は芸術的な素養をゆたかにもっていた女性だそうです。けれども、正史の記述によれば、万貴妃は鬼のような女に思えます。彼女はいちど成化帝の子を生みましたが、まもなくその子は死に、それ以後は妊娠しませんでした。だが、ほかの宮女が妊娠すると毒を飲ましたり、殺したりしたのです。おそろしいことです。紀氏という宮女が妊娠したときも、流産させるように侍女に命じました。その侍女がうまくかくして、紀氏は男子を出産したのです。その子も六歳ごろになるまで、安楽堂という後宮の一隅にひそんで育ちました。これがつぎの弘治帝で、明代にしてはめずらしい名君となった人物です。

弘治帝は六歳で成化帝と父子の対面をしたあと、皇太后にひきとられたので、万貴妃の毒牙《どくが》がその身に及ばなかったのです。紀氏は気の毒に、父子対面の年の六月に急死しました。自殺だともいい、万貴妃が殺したのだともいわれています。

万貴妃と成化帝とが同じ年に死に、弘治帝が即位すると、万貴妃の諡《おくりな》を剝奪《はくだつ》せよと進言する人もいましたし、紀氏が死んだときに診察した医者を取調べて、死亡当時の状況をあきらかにせよ、万氏の家族を逮捕せよ、といった声があがりました。それにたいして弘治帝は、

――それは先帝の意に違うことのようじゃ。やめておこう。

と、しりぞけたのです。

万貴妃の芸術的素養がどのようなものであったか知りませんが、人間的にはあまり芳しいほうではなさそうです。宮廷に絶対的な権勢をふるった女性ですから、彼女の言いだしたことは、どんな我儘《わがまま》なことでも、ききいれなければなりませんでした。景徳鎮のやきもの焼造についても、彼女は勝手な注文を出したかもしれません。無理難題であっても、万貴妃の言うとおりに

しなければ、後難がおそろしいのです。

王振のところでも述べましたが、無理難題は、新しい技術開発のきっかけにもなるものです。その意味では、万貴妃は王振とともに、歴史上の悪玉ではありますが、景徳鎮のやきものの向上に貢献したといえるかもしれません。

万貴妃の無理難題を解決した人物が、ほんとうの景徳鎮の恩人です。景徳鎮御器廠《ごきしょう》の長官には、宦官《かんがん》が任命されることは前にふれましたが、成化期には朱元佐という人物が督陶官となりました。成化期の景徳鎮のやきものがすぐれていのは、おもにこの人物の努力によったものでしょう。

宦官とはいえ、教養もあったりっぱな人物のようで、御器廠のある珠山のなかの朝天閣氷《ひょう》立堂《りつどう》というところに登り、やきものをやく火を観ると題した彼の詩がのこっています。

来りて陶工を典《つかさど》るは簡命《かんめい》（選抜任命）に膺《あた》る
火林、環《めぐ》り視《み》て一欄《らん》に凭《よ》る
朱門は近く千峰と接し
丹闕《たんけつ》は遥か万里より登る

霞は赤城《せきじょう》に起りて春錦列《つらな》り
日は紫海《しかい》に生じて瑞光騰《あが》る
四封の富焔《ふえん》は朝夕《ちょうせき》に連《つらな》るに
誰か識らん朝臣独り氷《こおり》に立たんとは

すこし無理をした七言律詩ですが、景徳鎮の盛況が目にみえるようです。

成化期の景徳鎮の盛況は、朱元佐ひとりの功績でないのはいうまでもありません。おおぜいの陶工、関連の仕事に従事している人たち、画工などがほんとうの主役でした。けれども、これらの人たちの名は、ほとんど伝わっていません。

日本ではすぐに名人があらわれ、その人の名が作品に冠されます。仁清《にんせい》、乾山《けんざん》、柿右衛門、今右衛門といった工合です。けれども、中国ではめったにそのようなことはありません。やきものづくりは、瓷石の採取、粉砕、練泥《れんでい》からはじまって、器《うつわ》づくりと絵付それぞれ別の人が分担しています。窯《かま》の火加減を見る人の役目が重いことも忘れてはなりません。このように分業ですから、一人の名を作品にかぶせることを憚《はばか》ったのでしょう。

けれども、赤絵の初期——日本でいう古赤絵にかぎって、ときどき人名の銘がつけられています。「陳守貴造」「陳文顕造」といった銘款《めいかん》がみられますが、これが陶工なのか画工名なのかわかりません。あるいは民窯の窯主の名であるという可能性もあります。

ほかにさまざまな書物のなかに、ときどき名人の名前が言及されています。

たとえば、明《みん》代に昊十九《こうじゆうく》という浮梁《ふりよう》の人が能く吟じ、書画にもたくみでしたが、轆轤《ろくろ》小屋に隠れ住み、精瓷雅壺《せいじがこ》を製し、そのみごとなことは誰も及びつかず、みずから「壺隠《こいん》老人」と号したことが『紫桃軒雑綴』という本にのっています。しかし、その壺隠老人のつくったやきものは伝わっていません。

あるいは陳仲美という婺源《ぶげん》の人が、はじめ景徳鎮でやきものをつくり、その後、陽羨《ようせん》に来て仕事をしたことが『陽羨茗壺系』という著作に出ているそうです。陽羨とは江蘇省宜興《ぎこう》県の南で、やきものよりも茶どころとして知られています。景徳鎮からそこへ、茶壺をつくりに行った人もいたのです。

4

景徳鎮陶瓷館の展示は、明あたりからはなやかになってきます。五彩すなわち赤絵が登場するからです。

赤絵の本格的登場は成化年間（一四六五――一四八七）からですが、もちろん染付《そめつけ》も同時にさかんにつくられています。赤絵だけになったのではありません。

明の元号は成化のあと、つぎのようにつづきます。

弘治（孝宗）　一四八八――一五〇五
正徳（武宗）　一五〇六――一五二一
嘉靖（世宗）　一五二二――一五六六
隆慶（穆宗）　一五六七――一五七二
万暦（神宗）　一五七三――一六二〇
泰昌（光宗）　一六二〇
天啓（熹宗）　一六二一――一六二七
崇禎（毅宗）　一六二八――一六四四

このうち一年しかなかった泰昌は例外とみましょう。そのあとの元号は、みなやきものの銘に登場します。そして、登場するのが最もすくないのは、成化のつぎの「弘治」です。弘治は十八年もつづいた元号ですが、景徳鎮のやきものに、「弘治年製」の銘をもつものは、ほとんどないといってよいほどまれなのです。

これは弘治年間には官窯はほとんど閉鎖されていたことを物語っています。万貴妃の毒牙《どくが》をのがれて、幼少のころから苦労した弘治帝は、明代ではまれにみる名君でした。官窯の存在が、人民を苦しめていることを知っていたからでしょう。しかし、官窯をまったくやめたのではなく、最低限に必要なものを何年か焼造したようです。『明史』「食貨志」にも景徳鎮の焼造について、

——孝宗（弘治帝）の初め、中官（御器廠督陶の宦官）撤回す。尋《つ》いで復《ま》た遣《つかわ》す。弘治十五年、復た徹す。

と、しるされています。

おかげで、景徳鎮の人たちも、しばらく休養することができたでしょう。弘治帝もまた景徳鎮の恩人の一人にかぞえなければなりません。ひょっとすると、最大の恩人かもしれないのです。

官窯は休んでいましたが、それだけに民窯の活動は活発だったとおもわれます。それまで、一流の陶工は官窯へもって行かれ、材料も官窯優先だったのです。その官窯の休止は、民窯に有利であったのはいうまでもありません。

またしてもデヴィッド財団の所蔵品ですが、弘治九年（一四九六）の紀年銘のある染付の長大な花瓶があります。それには江西饒州府浮梁県の里仁《りじん》の住人程彪《ていひょう》が、北京順天府の関王廟に香炉と花瓶を寄進する、という文章がしるされ、日付も五月十日と、はっきりと読めます。とうぜん民窯の作品ですが、なかなかりっぱな、出来のよいものです。牡丹唐草《ぼたんからくさ》の模様は、筆がのびのびしています。民窯の気やすさで、画工も肩の力を抜いてかけたのでしょう。

弘治のつぎの正徳には、その価が黄金に倍するといわれた良質な回青《かいせい》が、雲南経由ではいってきました。これまでの西アジアのコバルト顔料にくらべて、焼きあがりが心もち赤味があって、それだけはなやいで見えるのです。これは好みの問題で、そのきらびやかさの嫌いな人もいるでしょうが、赤絵が人びとに歓迎された時代ですから、染付もそれに釣合いのとれるはでさがもとめられたと考えられます。正徳やつぎの嘉靖期には、この回青をつかった高級品がつくられました。

陶瓷館で私の目を惹《ひ》いた染付の壺は、下部が方形になっていて、僧衣を身につけた童児らしい人物が数人えがかれていましたが、説明のプレートには「明青花人物大方瓶」とあるだけでした。おそらく嘉靖期の回青を使った作品でしょう。

正徳帝は一種の性格異常者で、自由奔放に遊び暮した人物です。豹房新奇《ひょうぼうしんき》という、わけのわからない邪教の寺を建て、そのなかで乱交パーティーをひらいたり、ラマ教の房中術に凝ったり、婦女誘拐《ゆうかい》をやったり、もう支離滅裂でした。政治がみだれ、各地で造反がおこったのはとうぜんでしょう。江西では南昌に封じられていた皇族の寧王朱宸濠《しゅしんごう》が、十万の兵を率いて反乱をおこしました。この乱を鎮圧したのが哲学者の王陽明だったのです。景徳鎮も近くでこのような戦乱があったので、正徳期はおちついてやきものづくりに精を出すことはできなかったはずです。

景徳鎮は嘉靖期になってから、息を吹き返しました。宦官《かんがん》の弊害を反省したのか、督陶官にも、宦官でないふつうの官吏が任命され、官窯も充実してきたのです。

このころの督陶官の任務の一つに、回青の管理ということが加わりました。黄金に倍するという値打のあるものです。塊状であっても粉状であっても、少量ならかくし持って出るのは、それほど難しいことではなかったでしょう。

貴重なこの回青は、官窯がほとんど独占していたとおもわれます。民窯ではそれは使いたくても手に入りません。これが弘治時代のように官窯が休んでおれば、回青は民窯で使えたのです。喉《のど》から手が出るほど欲しいので、その値段が黄金の倍にもなったのでしょう。官窯に働く工人たちが、回青をもち出して売るという事件がよくおこったようです。これを、

――回青の弊

と呼んでいます。

厳重なボディーチェックがおこなわれたことでしょう。また工人が回青を扱うときは、透明の紗幕《しゃまく》を垂らし、腕をいれるところだけ穴をあけ、幕のむこうで手の作業をさせるといった珍妙な方法も考え出されたそうです。

5

現在の景徳鎮には、「瓷用化工廠」という工場があって、顔料その他の原料を製造し、各工場や工房に供給しています。

この瓷用化工廠は一九五三年に設立されましたが、そのときの工人は僅か六人だったということです。その規模からみて、家庭手工業にすぎなかったことがわかります。ほかにも数名の工人で操業している同種の工場があったようです。それが一九五六年ごろから、吸収合併がは

じまりました。合併によって、分業をはじめ合理化が促進され、工場の設備も飛躍的に改善されたということです。一九五八年にはすでに四百人の工人を擁する工場になっていました。

現在、この瓷用化工廠に働いている工人の数は約六百ということでした。短い時間でしたが、私たちはこの工場を一巡しました。陶磁器製造に用いる化学系の原料は、たいていここで生産されます。

瓷用化工廠は、景徳鎮の窯業と密接な関係をもっているのはいうまでもありません。やきものの生産高が増えると、とうぜん原料の需要も増えます。

この工場は孤軍奮闘といったかんじです。

やきものの工場は、景徳鎮にはたくさんあります。時間の都合で見学しませんでしたが、衛生瓷廠といって、トイレット用の陶磁器を専門につくっているところもあります。また磚瓦《せんが》廠といって、瓦ばかりを焼いている工場もあります。相手は多いのに、原料の化学品を供給するのはここだけです。

――金水も増産を重ねてきましたけれども、要求される量もそれ以上に増えています。

ということでした。

皿やコップのふちに、金の線をいれたり、金で模様をつけることが多いのですが、それに使うのが金水です。私たちはその金水がつくられているところを見学しました。

　私たちが為民瓷廠で見学した、大量生産のやきもののデザインは、貼りつけですが、それもここでつくられています。年産九百万枚だそうですが、工場の責任者はそれでもとても足りないと言っていました。

「これからは、増産以外に、環境の問題も大事になってきました。それについては、いま研究を進めているところです」

　という説明をうけました。

　環境の問題とは、てっとりばやくいえば公害対策です。瓷石礦廠を見学したときも、瓷石粉砕による粉塵《ふんじん》から、工人たちの健康を守るために、密閉室の設備もありました。化学薬品を扱うことの多いこの工場では、とくに公害問題を考えねばならないのでしょう。

　明・清にかけて、やきものといえば、すなわち景徳鎮といわれたほど、ここで当時としては大量の品が生産されました。北京から督陶官が派遣されたのは、宮廷の注文を質量ともに満たすためです。高貴な回青《かいせい》が盗まれることには万全の予防はしても、陶工たちの健康などは、なおざりにされていました。納期が近づいているのに、生産量が伸びないときは、働く人の健康を犠牲にした、突貫作業がつづけられたことでしょう。

うつくしく焼きあがった、かずかずの名品のかげに、あわれな犠牲者があったことを忘れてはなりません。

第十一章

1

明《みん》王朝歴代皇帝のなかで、名君といってよいのは孝宗（弘治帝《こうちてい》）ただ一人だとおもいます。創業の二帝、太祖（洪武）、成祖（永楽）もひとかどの人物でしたが、猜疑心《さいぎしん》が強く、また残忍でした。ほかにはろくな皇帝はいません。

明王朝の悲劇は、名君孝宗（一四七〇――一五〇五）の治世があまりにも短かったことでしょう。十七帝二百八十四年の明王朝のなかで、孝宗の治世は僅か十八年でした。公私混同の理屈屋で、不老不死の薬をもとめ、あやしげな道士を信任し、政治をなおざりにした世宗（嘉靖帝）の治世が四十五年もつづき、めったに朝廷にも出ずに、政務などほったらかしにした、無責任な神宗（万暦帝《ばんれきてい》）の治世が四十八年もつづいたのですから目もあてられません。

弘治年間（一四八八――一五〇五）、しばしば官窯を休止させたのは、孝宗の善政というべきでしょう。いままで官窯のほうで独占していた人材も資材も民窯のほうにまわってきたのです。官窯と民窯とのあいだに、品質の格差がだいぶありましたが、それがしだいになくなり、やがてほとんど解消されました。

朝廷へ納める品物も、あまり数が多いので、御器廠では手にあまったので、一部は民窯に焼かせるようになりました。民窯のやきものを、いったん御器廠におさめ、御器廠のものとして朝廷へ納めたのです。こうした操作ができたのも、官窯と民窯との格差がなくなったことを物語っています。十六世紀以後、景徳鎮のやきものについては、専門家でも官・民の区別がつけられないケースがすくなくありません。

弘治期の休養も、そのあと、暗君があらわれて、もとの杢阿弥《もくあみ》となりました。弘治以後の景徳鎮焼造のもようを、『明史』「食貨志」でみてみましょう。――

弘治より以来、焼造の末だ完《おわ》らざる者三十余万器。嘉靖初、中官を遣《つか》わして之を督す。帝、絵事中（侍従職）の陳皐謨《ちんこうぼ》、其の大いに民の害と為《な》るを言《い》い、之を罷《や》めんと請う。帝、聴《ゆる》さず。十六年（一五三七）新たに七陵の祭器を作る。三十七年（一五五八）官を遣わして江西へ之《ゆ》き、内殿醮壇《しょうだん》（神を祀る祭壇）の瓷器三万造る。後に饒州通判（官名）を添設して御器廠の焼造を専管せしむ。是の時、営建最も繁《はげ》し。……隆慶の時、江西に詔して瓷器十余万を焼造せしむ。万暦十九年（一五九一）命じて十五万九千を造らしめ、既《すで》にして復《ま》た八万を増す。三十八年（一六一〇）に至るも未だ工を畢《お》えず。……

現在のような機械化された時代ならともかく、十六、七世紀の景徳鎮では、この数量をこなすのは無理でした。

『明史』は清代になって張廷玉たちが編んだものですから、すでに明王朝は終わっています。未完成の三十余万器というのは、明末時の勘定でしょう。弘治のあと明は百四十年ほどつづきました。

怠《なま》けて造らなかったのではありません。夜を日に継いで、造りに造っても、朝廷の注文量を消化できず、三十余万も造りのこしたのです。

派遣されて来た役人も必死です。焼造の成績が悪ければ、自分が責任を問われますから、陶工たちをしごきにしごいたことでしょう。当時のことですから、怠けるとひどい体罰が加えられたにちがいありません。いや、怠けなくても、ノルマが達成できなければ罰をうけたはずです。そのノルマたるや、人間の能力を超えたものでした。

官窯は採算を無視したので、技術の向上や新技法の開発を促したというプラスはありましたが、労働者を酷使して、民力を疲弊させたという大きなマイナスもありました。陳皐謨《ちんこうぼ》という役人がそのマイナス面を心配して諫言《かんげん》したのですが、聴きいれられませんでした。

いったい朝廷では、ほんとうにそんなに大量のやきものを使ったのでしょうか？ 祭祀のための瓷器《じき》三万というのですが、どんなものを、どんなふうにならべたのか、知りたいとおもいます。

明の染付《そめつけ》や赤絵は、ずいぶん大量に輸出されました。輸出品は民窯のやきものだといわれていますが、前述したように、すでに民・官の格差のなくなっている時代です。記録がすくないので、これは明言できませんが、私の推理では、明の朝廷は焼造を命じたやきもののかなりの部分を、商売用に使ったのではないかとおもわれるのです。国内の富豪や大官へ売ったり、海外へ売ったりして利益を得ていたのでしょう。

海外の需要は、この時代、ことに活発でしたから、たくさん造れば造るほど儲《もう》かったのです。祭祀用や内廷用だけでは、明の朝廷の景徳鎮への注文量は多すぎます。注文量を消化するためには、窯《かま》がずいぶん増設されたことでしょう。景徳鎮だけでは足《た》りずに、カオリン土の得られそうなほかの場所にも窯がつくられたものです。

私たちは南昌から車で来る途中、万年県で休憩したことは述べましたが、その万年県から景徳鎮へ行くあいだ、ちょうどその中間のところに楽平県というのがありました。その楽平からも明代の窯跡が、一九六三年に発見されています。それは染付ばかり焼いた窯のようです。中国で刊行されている『文物』という専門誌の一九六四年第一期に、その簡単な報告があり、一九七三年第三期にも、その後の調査が報告されています。窯跡の破片から「大明宣徳年製」の銘のあるものが発見されましたが、その胎質、釉色、模様などを観察した結果、嘉靖年間（一五二二――一五六六）につくられたものに宣徳の銘をいれたのであろう、と推定されたそうです。

嘉靖年間は、やきものの増産に狂奔した時期であったことがわかります。

2

嘉靖期の明《みん》は、

――北虜南倭

に悩まされた時代でした。北虜というのは東北に勢いを得てきた満洲族のことです。明朝がやがてこの満洲族の清《しん》にとってかわられることは、歴史が私たちに示しています。南倭というのは日本の海賊――倭寇《わこう》のことです。このような外患に備えるためには、すくなからぬ支出を要するのはいうまでもありません。抜本的な財政立直し策をはかるべきなのに、

――いままで取れたところから、より多く取ろう。

という姑息《こそく》な考え方でした。

景徳鎮に暴風雨のような注文が降ってきたのは、そのためもあったでしょう。

嘉靖のあとは穆宗隆慶帝《ぼくそうりゅうけいてい》（一五三七――一五七二）の時代です。

この時代に、非常識な大量注文があり、役人はおろおろして、注文の減量と納期の延長を哀訴し、住民たちは神仏に祈るだけという状態になったようです。幸い（これは大声で幸いというべきでしょう）穆宗が在位六年で死んだので、非常識注文も沙汰やみになりました。

ほっとしたのも束の間、つぎの神宗《しんそう》（万暦帝《ばんれきてい》）時代はもっとひどいことになったのです。

神宗は中国有史以来、彼ほど貪欲《どんよく》な皇帝はいなかったといわれるほど、物欲のかたまりのような人間でした。彼の祖父の嘉靖帝《かせいてい》（一五〇七――一五六六）は道教に凝っていましたが、神宗万暦帝（一五六三――一六二〇）はそんなものには無関係です。カネ、カネ、カネ。万事カネという、どうしようもない現世的な拝金主義者だったのです。官吏が罪をおかしても、宦官《かんがん》

を通じて皇帝に献金すればゆるされました。そんな金は国庫にはいるのではなく、皇帝個人のポケットにはいったのです。

なにしろ古墳を盗掘をして、墓内の財宝を自分のものにしたという、とんでもない皇帝です。豊臣秀吉が朝鮮に出兵したのは、この皇帝の時代です。明《みん》は朝鮮を援助するために、出兵しましたが、その軍費に苦労しました。皇帝が出そうとしないのです。

こんな皇帝にかかっては、人民は搾取の対象でしかありません。役人も搾取の上手な者が出世します。景徳鎮に送られて来た潘相《はんそう》という役人も、搾取の天才であって、景徳鎮の人たちはひどく苦しめられました。

万暦十一年（一五八三）、張化美という役人が、景徳鎮の近くの麻倉《まそう》という古い瓷土坑が掘りすぎのために、ほとんど尽きかけている、と報告しています。

資源の枯渇などはお構いなしです。おなじ年に侍従の王敬民が、食器などはともかくとして、かならずしもやきものでなくてもよい、燭台《しょくだい》、屛風《びょうぶ》、棋盤《きばん》、筆管《ひっかん》のたぐいは、焼造しないようにしてはいかがですか、と上奏しています。

けれども、これはききいれられなかったようです。五年後の万暦十六年に、景徳鎮に詔して、屛風を焼造させたという記事が、『唐氏肆攷《しこう》』にみえます。

その巨大な屏風はうまく焼けなかったようです。船のような形になったというのですから、上と下とが反《そ》りあがって、舳先《へさき》と艫《とも》のようにみえたのでしょう。大きいものをやくのはたいへんです。火の工合も難しいうえに、それ自体の重みで歪《ゆが》んだりします。厄介《やっかい》なことに、朝廷の焼造注文には大物が多かったのです。搾取の天才の潘相が景徳鎮に君臨していたころ、宮廷用の青竜模様の水甕《みずがめ》が、なんべん焼いても失敗ばかりでした。潘相は怒り狂って、陶工たちはひどい目に遭ったのです。迷信深い時代のことですから、これは火神の怒りかもしれないと、人びとは考えたそうです。火神の怒りを鎮めるには、人身御供が必要だというのが当時の常識でした。日本にも人柱などの習慣があります。

ここに童賓《どうひん》という陶工がいて、燃えさかる窯《かま》のなかに身を投じて、みずから犠牲となったのです。

童賓は神童公とあがめられ、風火仙廟に祀られたといわれています。清代、景徳鎮御器廠の長官となった唐英《とうえい》は、ある寺の一隅に、青竜模様のはいった大きな缸《かめ》がころがっているのをみつけました。その道の専門家ですから、唐英はその青竜缸《せいりゅうこう》の素姓がわかりました。明の万暦期、朝命によっていくら焼いても成功せず、神童公の犠牲でやっと焼造された竜缸がありました。なんど失敗したかわかりませんが、寺の境内にころがっていたのは、そのときの失敗作の一つだったのです。直径一メートル、高さ七十センチほどのもので、青竜のとっても波濤模様もちゃんとしていたのですが、惜しいことに底が抜けていました。

　唐英はそれをかつがせて、祐陶霊祠堂の西側に安置したそうです。彼はこのことについて『竜缸記』という一文をものしています。この水甕から溢れるものは神（童賓《どうひん》のこと）の膏血《こうけつ》であり、団《かたま》り結ばれたものは神の骨肉であり、清白翠璨《せいはくすいせん》たるものは神の「精忱猛気《せいちんもうき》」である、と彼は書きました。

　このような義士があらわれるのは、それほど監督がきびしかったからです。景徳鎮の陶工たちもたまりかねて、御器廠を焼打ちしようとしたのですが、陳奇可という役人が、けんめいになだめて事なきをえました。ところが、潘相は陳奇可が陶工を煽動《せんどう》したのだといって、彼を投獄しました。陳奇可は気の毒に獄死したそうです。潘相は陶工の騒動を、自分のせいにされると困るので、煽動という筋書を考えたにちがいありません。

　このようなエピソードから、きよらかな明《みん》の染付《そめつけ》、はなやかな明の赤絵の背景に、唐英の文章ではありませんが、陶工たちの膏血、砕かれた骨肉が散乱していることを忘れてはなりません。

『景徳鎮陶録』によりますと、隆慶・万暦時代には、すでに回青《かいせい》がはいらなくなり、染付の色合は嘉靖のそれよりもだいぶ劣ってきたということです。さらに、前にもふれましたように、最も上質の瓷土《じど》を産する麻倉山《まそうざん》の土がすくなくなったこともあり、品質の低下はかくせなくなりました。

品質だけではなく、品性も悪くなったようです。

穆宗隆慶帝《ぼくそうりゆうけいてい》は長夜の宴を愛し、女色にふけった人物です。諫言《かんげん》した宦官《かんがん》が杖で打たれる罰をうけたこともあります。この皇帝は景徳鎮に、酒杯や茶碗に春画をかくように命じました。

——男女私褻《せつ》の状を絵《えが》く

とありますが、どんなものか実見していません。陶録によれば、杯碗に春画をえがいただけではなく、やきもののポルノ人形もつくったそうです。

——其の秘戯の器一種は殊に雅品を非ず。

とあります。そんなのが雅品でないのはいうまでもありません。

隆慶のころにやきものの男女秘戯の人形などをつくったことを、『景徳鎮陶録』には、

3

隆陶、俑《よう》（ひとがた）を作るは、此《これ》よりす。

と、しるしています。

これには二つの意味があるように読みとれます。

作俑。——俑を作る、というのは、中国語では、「よくない例をつくる」「不善を唱えはじめる」を意味するのです。

むかし藁《わら》人形をつくって、死者と同じに埋めたのですが、その後木偶《もくぐう》の人間をつくって埋めたそうです。それが人間によく似ていたので、「では、いっそ人間を埋めろ」ということになって、殉死の風習が生まれたと信じられています。俑をつくるのは、したがって不吉なことをはじめることなのです。

このあたりから、明の景徳鎮のやきものが、品質的にも品性的にも低下したので、そのはじまり、といおうとしたのでしょう。

もう一つの意味は、碗や鉢や甕《かめ》をつくっていたのが、このころから人形をつくりはじめたという、字義どおりのそれです。執筆者の藍浦は、おそらく上述の二つの意味をダブらせて書いたのでしょう。

しかし、陶器の人形は隆慶、万暦からはじまったのではありません。古くは副葬具ですが唐三彩がありました。景徳鎮でも、嘉靖期には染付《そめつけ》の人形がよく作られて、現存するものもすくなくありません。

人形というのは、いささか語弊があるでしょう。動物もつくりますし、みごとな花もつくります。彫塑というべきでしょう。

現在の景徳鎮には、この種の置物を専門につくっている工場があり、そこは彫塑瓷廠と呼ばれています。私たちは瓷用化工廠を見学した帰りにそこに寄りました。

彫塑瓷廠は間口はそれほどでもありませんが、奥行きは深く、そして広い工場で、どちらかといえば、学校というかんじがするほどでした。約千二百人の人がそこで働いているということです。

型をとる車間《ツオチエン》、くっつける車間（型の段階では、たとえば首と胴が別々になっています）、色をつける車間などと、完全に分業システムになっていました。

さまざまな置物がここでつくられますが、ここでも四人組時代、制作種類が限定されていたという話をききました。工・農・兵そのほか直接革命に関連のあるテーマに限られ、神仙はおろか歴史的人物も作ることが許されなかったそうです。

輸出用につくられるものが多く、需要者の大部分は海外に住む華僑のようです。一ばん人気があるのは、子供に囲まれて、あぐらをかいている布袋《ほてい》さんだということでした。日本では、あのお腹を出してにこにこ笑っているのを布袋さんと呼んでいますが、中国では弥勒《みろく》さんというのです。下生した弥勒の化身だという説明をうけました。そういえば、宇治の黄檗山《おうばくさん》万福寺の弥勒像も、布袋さんのすがたをしています。それから、財神と呼ばれる、恰幅《かっぷく》のよい神様、桃を手にした老仙人、関羽《かんう》さんと、いろんな置物が行列をつくっていました。

工場の人にききますと、国内用に最も多く注文があるのは、なんといっても魯迅《ろじん》像だということです。最近の傾向としては、『西遊記』のある場面をうつした置物が、人気があるということでした。神話や『紅楼夢』の登場人物とおぼしい美女の像も、しだいに注文がふえてきたそうです。

工芸品として、これから脚光を浴びそうにおもえるのは、花鳥の置物でしょう。じつに精巧につくられています。日本では民芸運動以来、精巧な工芸は低く評価されていますが、もともと人間のつくり出すものは、より精巧なものへの志向の産物です。

——この歪《ゆが》みがおもしろいですなぁ。……

などといったごま化しのきかない、きびしい世界での完成度の競争を、私たちは謙虚に評価すべきでしょう。

一枚一枚の花びら、一枚一枚の葉が、それぞれ丹精をこめてつくられています。精巧もきわまれば、装飾以上の美をうむのです。

彫塑師はむかしから福建出身者が多かったそうです。曽竜昇、曽山東の父子の名人芸は、いまや伝説となっています。彼らも福建出身で、息子のほうはろうあ者でしたが、その技《わざ》は入神の城に達していました。

沈懐清《しんかいせい》の『窯民行《ようみんこう》』という詩に、

景徳は佳瓷《かじ》を産む
器を産むも手を産まず

工匠は八方より来たり
器成りて天下に走る
陶業は多くの人を活かすも
産は時と偶《とも》ならず

とあります。景徳鎮はすぐれた磁器を産するのですが、手（つくり手）を産まない、というのは、この仕事にたずさわっているのが、かならずしも土地の人ではないということです。つくり手は、八方よりこの景徳鎮にやって来ます。

彫塑師が福建から来たことは述べました。窯《かま》の火加減を見る役は、やきものの仕事のカナメのようなものですが、これはほとんど都昌県出身の人があたってきました。都昌は景徳鎮から百キロほど西にあり、鄱陽湖《はようこ》の東岸に位置している県です。型をつくる職人は、豊城県出身者が多かったということでした。赤絵の絵付師は、俗に「紅店佬《ホンテイエンラオ》」と呼ばれていますが、これは南昌市の人が伝統的に多かったようです。型職人をおおぜい出した豊城県は、南昌市の南約六十キロほどのところにあります。

かつてはこうしたグループが「幇《バン》」をつくって、排他的な傾向がみられました。自分たちの幫の仕事に、よそ者がはいってくると、権益を侵害されるような気がしたからでしょう。

その土地出身の人が、その仕事にとくにすぐれている資質をもっていたのではありません。彫塑の曽父子のように、初期のころのその分野のすぐれた工匠が、徒弟を採用するとき、どうしても信頼できる同郷の者をえらんだからです。

現在は出身地別による職種の固定化は、むかしほどはなはだしいことはありません。それでも、窯番《かまばん》に都昌人が多いといった傾向の名残りはあるそうです。

4

俑《よう》を作った、といわれるほどで、景徳鎮のやきものは、隆慶から万暦にかけて、質が低下してきました。

これは麻倉山《まそうざん》の瓷土《じど》がすくなくなったとか、回青《かいせい》の輸入がとまったといった理由によるだけではありません。時代精神との関連が、かなり強かったからでしょう。

時代がよくなかったのです。封建時代の時代の風潮は、君主によって大きく左右されます。神宗万暦帝の拝金主義についてはすでに述べました。上にそのような君主がいるのですから、その時代が清潔であるはずはありません。

日本でもよく知られている、色欲世界をえがいた『金瓶梅《きんぺいばい》』は、万暦年間に書かれた物語です。この物語は『水滸伝《すいこでん》』の一部分の拡張という形をとっているので、宋代を舞台にしています。けれども、登場人物も時代の風潮も、おそらく万暦期のそれを忠実にうつしたものでしょう。

万暦の時代精神は清楚《せいそ》とは対極の濃艶《のうえん》であったといえるでしょう。まっすぐに坐った姿勢ではなく、やや斜に構えて、姿勢もすこし崩れています。文化が熟し切ると、退廃がはじまりますが、万暦はまさしくそんな時代にあたっていました。

万暦のやきものも、時代を反映しています。ことに万暦中期以後、やきものにおける退廃が目立つようになりました。

——死ねば、あの世まで持って行けないものを。……

あくせくとお金をため、けちけちしている人にたいして、世人はそんな蔭口を言います。けちんぼう皇帝の万暦帝が、あの世へ持って行こうとしたものを、私たちはいまげんに見ることができます。

北京を訪れた人は、八達嶺の長城見学の往きか帰りかに、明《みん》の十三陵に立ち寄るでしょう。十三の明の帝陵のなかで、「地下宮殿」として、墓室のなかまで公開されている定陵は、万暦帝を葬った墓です。出土した文物は、地上の陳列館に展示されています。この陳列館と地下宮殿をあわせて、「定陵博物館」と呼ぶそうです。

墓室からは八個の染付《そめつけ》の梅瓶《メイピン》が出土しています。それが景徳鎮でつくられたのはいうまでもありません。梅瓶は頭部が迫って胴が細長いスタイルの瓶の総称です。日本の高田徳利に似ていて、やはり酒をいれる容器だといわれています。

定陵はもと万暦帝と孝端皇后（王氏）とが合葬されていました。仲が好かったのか、皇后は万暦帝と同じ年に、三ヵ月早く死んだのです。けれども、つぎの皇帝（泰昌帝）を生んだのは、別の王氏という妃で、早く死んで別のところに葬られましたが、孫の天啓帝《てんけいてい》のときに、この定陵に移されたのです。生前は皇后ではありませんでしたが、皇帝の生母、祖母ということで、死後皇后位に贈られ、孝靖皇后と称されています。

二人の皇后の棺の両側に、それぞれ染付梅瓶が置かれていて、四個とも嘉靖年代のものです。あとの四個はおなじ梅瓶でも大型で、こちらのほうは肩のところに、大明万暦年製の銘がはいっています。模様の竜が、皇帝専用の五爪《そう》であるのはいうまでもありません。なお皇帝の位牌《いはい》のそばに置かれている「青花磁缸常夜灯」も景徳鎮製で、これは大きな水甕《みずがめ》のようなものです。水のかわりに灯油がいれられ、銅のひしゃくで浮かばせられた灯芯に火がつけられていたそうです。もっとも墓室は密閉されますので、すぐに酸素がなくなり、消えてしまったにちがいありません。この油甕も五爪青竜雲頭模様で、「大明嘉靖年製」の銘があります。

万暦帝は四十八年も在位したのです。そのあいだ、童賓《どうひん》のような自殺者が出るほど、労働者をしごいて、景徳鎮のやきものを量産しました。それでも自分の墓には、大型梅瓶を除いて、自分の時代の作品は置きませんでした。祖父の嘉靖期のものを置いたのは、染付にかんするかぎり、万暦のものはだめだと白状したのにひとしいでしょう。

万暦はやはり赤絵の時代です。裏はともかく、表はきらびやかだったのです。皇帝の性格を反映して、物欲がむき出しになっていました。なかには、万暦期のこのあっけらかんとむき出した気風を、評価すべきではないかという説さえあります。

赤絵に金彩をほどこしたのを「金襴手《きんらんで》」と日本で呼んでいます。中国にはきわめて遺品がすくなく、日本と回教圏にのこっていますので、輸出用につくられたのではないかといわれているようです。ときどき銘のはいっているものがありますが、それがきまって嘉靖年製ですから、金襴手は嘉靖期にかぎってつくられたのかもしれません。

金彩といえば、キンキラキン趣味で、どちらかといえば中国的と考える人がいるでしょう。けれども、じっさいには、中国ではこれをつくりましたが、国内ではほとんど使わなかったようです。

日本では、金閣、銀閣寺にみられる金銀趣味のあとをうけ、それを安土桃山《あづちももやま》の絢爛豪華《けんらんごうか》の時代につなぐ時期にあたっていました。金襴手を歓迎するムードが、当時の日本の貴族社会にあったのでしょう。

万暦末期になると、無責任政治——いや、政治不在といったほうがあたっているでしょう——のために、明《みん》王朝の屋台骨はガタガタになってしまいました。

日本の朝鮮出兵は、豊臣秀吉の死で、なんとか片づきましたが、東北の満洲族は英傑ヌルハチの指導のもとに、着々と勢力圏をひろげ、サルフで明軍を大いに破りました。万暦帝は二十五年にわたって、閣僚と会ったこともないというありさまで、政界は東林党と非東林党との抗争で、政争あって政治なし、というのが実情でした。

東北で満洲族と戦争をしても、万暦帝は財布の紐《ひも》をしっかりと握って、鐚《びた》一文出そうとしません。そうすれば、戦費は直接、人民から搾取して捻出《ねんしゅつ》するほかないのです。

民心不穏となったのはいうまでもありません。

万暦帝が死んで、皇太子が即位しました。光宗泰昌帝《こうそうたいしょうてい》（一五八二——一六二〇）で、やる気じゅうぶんの人物だったのです。しかし、天は明王朝を見限ったのでしょうか。彼は在位僅か一ヵ月で死にました。光宗の息子の熹宗天啓帝《きそうてんけいてい》が即位したのですが、元号について、ここで例外的な措置がとられました。万暦四十八年に万暦帝が死に、しきたりによって、その年の元号はそのままにして、翌年から改元する予定だったのです。ところがおなじ年に光宗も死にましたので、光宗に予定されていた泰昌という元号は日の目をみなくなります。そこで例外として、万暦四十八年は七月までとし、八月からは泰昌元号とすることにしたのです。一年に二つの元号を用いた翌年――一六二一年が天啓元年となります。

天啓は僅か七年ですが、宦官《かんがん》魏忠賢が暴威をふるった暗黒時代でした。

満洲軍はますます強く、各地に民変がおこり、もう景徳鎮どころではありません。督陶官は廃止されました。弘治期に廃止されたのは、民力を休養させるためですが、天啓期の廃止は、手がまわらなくなったからです。材料の運搬、製品の輸送などが、思うにまかせず、御器廠存続は人件費などで、かえってマイナスになるといった事情があったのでしょう。

ひどいことになりました。

断絶。――この時期の景徳鎮のやきものは、そう形容してよいでしょう。

5

官窯のあったころ、一部は朝廷に納めるのですから、採算を無視しても、りっぱなものをつくる必要がありました。けれども、景徳鎮は官からも見放されましたので、民間の力だけでやって行かねばなりません。

皮肉なことに需要は増えたのです。一六〇〇年（万暦二十八）にイギリスに東インド会社が設立され、二年遅れて、オランダの東インド会社も設立されました。貿易用の磁器は、これまで以上の大量注文があったのです。南方の窯《かま》で焼かれた赤絵は、日本では「呉須《ごす》赤絵」と呼ばれ、外国ではスワトウ・ウェアと呼ばれました。スワトウは広東省の海港である汕頭のことで、南方の窯の製品を積み出したのがこの港だったのです。汕頭その地に窯があったわけではありません。有田のやきものが、その積出港の伊万里《いまり》の名で呼ばれることがあるのに似ています。

天啓以後、景徳鎮でつくられた赤絵を、「南京赤絵《ナンキンあかえ》」と呼ぶのも、それに似た事情があるでしょう。治安が悪くなって、北方への輸送にも問題があったはずです。水路で南京まで送り、商人たちはそこで取引をしたものとおもわれます。もっとも、当時の日本でのことばの用法では、「南京」イコール「中国」でもありました。

十七世紀のはじめ、オランダの東インド会社は、台湾に基地をもっていました。会社の台湾支社は中国の磁器を買付け、それを日本へ送っていたのです。もちろん、ヨーロッパや西アジアへも送っていましたが、日本向けがかなり多かったのは意外な気がします。オランダの商人魂の逞しさに敬意を表すべきでしょう。

中国に窯場の数は多いけれども、御器廠をもつのは景徳鎮だけでした。天下の景徳鎮です。安物に御用のむきには、ほかの窯場へ行ってもらいましょう。——景徳鎮の人たちは、そんなプライドをもっていたのです。

ところが、御器廠は廃止されました。これまで、お上《かみ》の力であつめていた顔料その他の材料も、自力であつめなければなりません。官窯関係の人があまり考慮しなかった採算も、深刻に考えねばならなくなりました。

輸出用の安物だって、つくらねば食べて行けません。——こうして生まれたのが天啓赤絵であり、広義の南京《ナンキン》赤絵でした。

赤絵にかぎりません。染付《そめつけ》もきわめて粗雑なものがつくられました。日本ではこれを、「古《こ》染付《そめつけ》」と呼んでいます。染付は元《げん》代からはじまったのですが、古染付といえば、その字義としては元末、せいぜい明《みん》初にあたるはずですがそうではありません。明末ぎりぎりのものです。「古」の字がつけられたのは、つくりが粗《あら》いので、古めかしくみえたからでしょう。そんな古染付に、ちょっと色を加えたのが天啓赤絵です。

嘉靖や万暦の赤絵のように、器面いっぱいに模様をえがき、さまざまな色をつけた時代は、つい数年前でしたのに、一転して、空白の多い、絵の部分のすくないやきものの時代となりました。

中国人にとって、それは絵具を倹約したとしかおもえません。たしかに顔料の入荷がすくなく、倹約しなければならなくなっていたのです。けれども、倹約した一筆描きのようなやきものが、日本で歓迎されることがわかりました。丹念に絵付をしたものが、かえってきらわれたのです。ごてごてしすぎていると。——

景徳鎮にとって、これは渡りに舟でした。大量につくって、日本へ輸出されたのです。絵付師もこれを自分本来の仕事とはおもっていません。世が世であれば、一枚の大皿を一人で一ヵ月も二ヵ月もかかって、ていねいに仕上げたものです。

そんな時代が再び来るまでのあいだ、身すぎ世すぎのために、こんな雑な仕事をしているのだ。——絵付師だけではなく、関連の職人たちはみんなそうおもっていたにちがいありません。

本筋の仕事でないとおもうと、気がらくです。失敗したって、どうということはありません。絵付師の筆はきわめて自由でした。ときには奔放な筆さばきもみられます。

こうした仕事ぶりから、意外におもしろい絵付ができました。本人にいわせると、

——こんなのは、はずかしいよ。やっつけ仕事だから。

と言うでしょうが、これを手にした日本の茶人は、感にたえたようにうなずいて、

——うん、これはおもしろい。みごとなものですなぁ。……

と、なめるように眺めたのです。

このころ、器の底に、「五良大甫呉祥瑞造」としるされたやきものが、盛んに日本に輸出されました。これもほとんど中国に残っていませんので、日本むけにつくられたものと考えられます。

祥瑞は日本ではションズイと読み慣わしていますが、呉祥瑞は陶工名ではなく、窯主かあるいは陶器問屋の名であろうといわれています。祥瑞は歪みや窪みがつけられていますが、これは中国人の趣味ではありません。あきらかに日本人の好みを意識した制作です。中国では歪みや窪みは、棄てられるべき失敗作とみなされています。

日本で名品といわれている歪んだ茶碗をみて、ある中国の陶工は、

——ちゃんとした茶碗をつくろうとして歪んだのであれば、それは技術の未熟で、はじめから歪ませようとしてつくったのであれば、それは嫌味《いやみ》である。

と評したそうです。

ともあれ、御器廠引き揚げという、景徳鎮の最大のピンチにあたって、日本人の美意識にもとづく注文は、救世主のようなものだったでしょう。

このあと、日本は鎖国時代にはいり、中国も明《みん》がほろびて清《しん》がおこり、やはり国をとじるようになりました。日本の明治開国にいたるまで、日清両国は長崎を窓口とする民間貿易以外に、正式の国交はなく、また外交上の問題はほとんどおこりませんでした。

かりにもし十七世紀以後、両国の接触がもっと頻繁《ひんぱん》であれば、さまざまなトラブルがおこったでしょう。そのとき、中国側も、日本そして日本人とはどのような国であり人たちであるか、研究しなければならなかったとおもいます。その手がかりを提供したのは、あんがい景徳鎮の人たちだったかもしれません。彼らは日本人の好みをよくのみこんでいたのですから。

日本で芙蓉手《ふようで》と呼ばれているものも、やはり景徳鎮で焼いたのです。器面にぴっしりと線描きで花卉《かき》模様などをえがき、ぜんたいが芙蓉の花のようにみえるデザインは、ヨーロッパや西アジア好みのものです。古染付や祥瑞とおなじように、芙蓉手も景徳鎮がもっぱら輸出むけに、他人の好みに合わせて焼造したものでした。

「断絶」という表現を、私は用いました。たしかに天啓のやきものは、そこに深い断絶がみられます。万暦赤絵と天啓赤絵のあいだに、連続性があると考えるほうが無理です。なにもうけ継いでいないかのようですから。

それも無理はありません。景徳鎮はその時代を自分に、「これは臨時のものだ」と、言いきかせてすごしたのです。陶工自身が注文のとおりにつくりながら、

（よくもこんなけったいな皿を使う気がするものだ。……）

と、おもっていたにちがいありません。

この断絶は、長い目でみれば、けっしてマイナスではありませんでした。工芸をつくる者にとって、人間にはさまざまな好みがあり、思いもよらぬものに「美」をみる人もいる、ということを知るだけでも大きなメリットでしょう。身すぎ世すぎで、あがいていた景徳鎮にも、再び黄金時代がやってくるのですが、そのときに、この苦境時代の経験は、たいそう役に立ったはずです。

明末の動乱を、景徳鎮は息をひそめるようにしてすごしました。

天啓帝のあとを継いだ弟の崇禎帝も、傾きかける明王朝を支えきることができませんでした。哀れな崇禎帝は、自分が一人で国家を支え、誰も補佐してくれない、と思いこんでいました。独善的なのです。すこしでも失敗すると、将軍であれ総督であれ、処刑されてしまいました。

こんな皇帝には、誰もついて行けないでしょう。

陝西《せんせい》から攻めのぼった李自成軍は北京を包囲し、崇禎帝は紫禁城の北の景山《けいざん》で自殺して、明王朝はほろびました。

北京を占領した李自成も、僅かな命しかありませんでした。呉三桂《ごさんけい》は清軍と和睦《わぼく》し、北京めざして進撃しました。李自成は没落して、ここに清朝の天下となりました。——一六四四年のことです。

明末の動乱期に、景徳鎮がどうなっていたのか、くわしいことはわかっていません。満洲軍は東北から華北に侵入したのですから、江南には足をのばしていなかったのです。李自成軍は西北から東にむかったので、景徳鎮はそのコースからはずれています。

崇禎帝自殺の前年、張献忠の造反軍団が、武昌を陥し、江西に侵攻して十一月には吉安を占領しました。撫州が陥ちたのは十二月です。景徳鎮のすぐ近くまで、造反軍団が進出して来たのですから、このころはかなり混乱したでしょう。

李自成や張献忠といった大ぜいの造反軍が活動しますと、各地に小規模の造反がおこるものです。景徳鎮が戦火にまきこまれなかったとはいえませんが、被害を受けたとしても、明の滅亡ぎりぎりになってからでしょう。

崇禎帝自殺後も、南京に明の亡命政権がつくられましたが、内訌《ないこう》に明け暮れ、翌年には潰滅《かいめつ》してしまいました。けれども、ゲリラ的なレジスタンスはつづけられ、しばらく江南の地も不安定だったのです。

第十二章

1

為民瓷廠は大量生産の工場で、陶瓷研究所がその正反対の極にある工房だとすれば、私たちが最後に見学した「景徳鎮芸術瓷廠」は、両者の中間的な存在といえるでしょう。一九五八年に創設されたこの工場は、一九七八年現在、八百五十余名の工人をかかえていますが、ちょうどその半分が女性だそうです。

ここでのおもな仕事は絵付でした。研究所のほうは、実験的なこともおこなって、採算は考慮にいれていないようですが、この芸術瓷廠のほうは、手づくりに近い品を生産しますが、いわゆる「商売」になっているのです。輸出がかなりのウェイトを占めています。大きな花瓶《かびん》などは、国内でも公共の場所に置かれるためにつくられるようです。

芸術瓷廠は、年産約三十万件の芸術的な磁器をつくっています。彫塑瓷廠の場合とまったくおなじで、四人組時代は、絵付の種類もきびしく制限されていたそうです。『紅楼夢《こうろうむ》』の女性、あるいは伝説の仙女などをデザインに使おうものなら、それこそ反革命扱いにされかねませんでした。とうぜん産量も激減していたのです。

「今年あたりで、やっと四人組以前のレベルをとり戻しました。数量だけではなく、絵付の種類もそうです。……」

という説明でした。

私たちは廬山《ろざん》へ行く車の時刻を気にしながら、工場を一巡しました。

手づくりといっても、やはりこの工場でも分業が徹底しているようでした。それでも、名のある工匠といわれる人たちは、それぞれ特別の仕事をしています。おなじ絵付師でも、人物を得意とする人、花鳥にすぐれた人、山水にかけては右に出るものはいないといわれる人などがいて、バラエティーに富んでいます。おもしろいとおもったのは、おなじ山水でも、とくに冬景色を得意とする人がいて、この夏の暑い盛りに、汗をにじませながら、雪の降り積った山や樹木をえがいていることでした。その人は、一年じゅう、冬景色に取組んでいるのです。

このような人たちは、第一級の名人で、つくりあげたものは、たしかに芸術であり、その数も多くありません。大部分の人は、線描をする人、色をつける人など、別々にやっています。できあがったものは、芸術品というよりは、高級品というべきでしょう。

ぐるりと仕事場をまわってかんじたのですが、この芸術瓷廠で制作されている磁器の大半は、「粉彩《ふんさい》」と呼ばれているもののようでした。研究所を見学したときにかんじたこと、そして、いまげんに市場に出す高級品製造の仕事場をみて得た感触では、現在の景徳鎮がめざしているのは、どうやら十九世紀でいちど衰微した清《しん》の黄金時代の再興のようにおもえました。粉彩などは最も清的なものといえるでしょう。

黄金時代といいましたが、清代にはいって景徳鎮がそんなに早く復活したのではありません。明末に御器廠が廃止されたのは、窯業《ようぎょう》そのものが駄目になったことを意味します。明末の景徳鎮のやきものが、日本の茶人などによって、「おもしろい」と愛好されましたが、それは景徳鎮の本流と考えるべきではありません。その証拠に、天啓の赤絵などは中国にのこっていないのです。はじめから日本むけにつくったのです。そこに窯の設備があり、良質の材料はないけれども、生活して行かねばならないので、注文に従って、粗製濫造しなければなりませんでした。景徳鎮本流の見方からすれば、これは荒廃にほかなりません。おそらく一部から、

――こんなものを造るくらいなら、窯《かま》をこわしたほうがましだ。

という声も出たでしょう。

明末の動乱期に、景徳鎮のまちが破壊されたという記録はありません。記録がないから、その事実はなかったとはいえませんが、軍事的な要衝ではなかったのですから、軍隊の通過はあってても攻防戦はなかったでしょう。

清初の清軍の江南平定の戦いにしても、順治二年（一六四五）七月、清兵が九江に至り、江西巡撫（長官）が南昌を放棄して瑞州に逃げたとか、十月に清軍が徽州を陥し、十二月に明の黄道周が婺源《ぶげん》で戦死したとか、その近辺での戦闘を伝える記録はありますが、そのなかに景徳鎮の名は登場しません。

順治五年（一六四八）になって、いったん清に降った金声桓《きんせいかん》が江西を挙げて、また明の亡命政権側につきました。この年の三月、清の都統の譚泰《たんたい》が、征南大将軍として兵を率い、九江、南康、饒州《じょうしゅう》の諸府を平らげて南昌にむかった、と史書にしるされています。わが景徳鎮は饒州府に属していますので、一部の軍隊は姿をみせたかもしれません。

清軍の江南平定は、地獄絵図さながらのものがありました。当時の文人が書きのこした『揚州十日記』『嘉定屠城紀略』などを読めば、思わず頁を閉じたくなります。少数派の満洲族が政権を維持して行くためには、思いきった恐怖政策をとる必要があったのでしょう。大虐殺はどうやら重点的におこなわれ、景徳鎮はそれを免れたようです。

戦乱のなかで、かりに景徳鎮が無疵《むきず》のままであっても、景徳鎮はひとり景徳鎮の景徳鎮ではないのです。中国第一の窯場として、ここは全中国にやきものを供給してきました。そればかりか、外国へも大量に輸出したのです。国が動乱にまきこまれると、景徳鎮の窯業は成り立たなくなります。貿易船も中国に立ち寄らなくなるのです。景徳鎮の窯が健在であっても、そこでなにを焼けばよいのでしょうか。

中国のやきものを取扱ったオランダ東インド会社の営業記録は、正直な数字を示しています。一六三〇年代は、毎年、三十万件の中国のやきものが扱われていました。一六四〇年代後半から、会社の営業記録に中国磁器の項目は消えました。三十余年のあいだ、オランダ東インド会社の中国磁器取扱い高はゼロをつづけたのです。

営業品目から磁器が消えたのではありません。中国磁器が消え、そのかわりに日本磁器が帳簿に記入されることになりました。

かつて日本は、天竜船時代から、中国の磁器を大量に輸入していました。ほかならぬオランダ東インド会社を通じて、景徳鎮からもすくなからぬ染付《そめつけ》や赤絵を買付けていたのです。

明末清初の中国動乱期は、日本では関ケ原の合戦から約半世紀を経て、徳川体制の安定期にあたっていました。しかも、豊臣秀吉の朝鮮出兵に動員された大名たちは、朝鮮から名のある陶工を連行して、それぞれ自分の藩で窯《かま》をおこしたのです。その新しい窯業が日本に定着した時代にもあたっています。

景徳鎮の三十年のブランクを埋めたのが、日本の有田磁器でした。

オランダ東インド会社が日本から有田磁器を買って輸出したのは、一六五〇年からはじまったと記録されています。日本の慶安三年、徳川家光の時代で、徳川体制安定の総仕上げともいうべき由比正雪《ゆいしょうせつ》事件は、この翌年におこりました。清では順治七年（一六五〇）、この年、国姓爺鄭成功《こくせんやていせいこう》が厦門《アモイ》を占領し、反清抗争を強化したのです。満洲族の清王朝はまだ不安定でした。

有田磁器は、ヨーロッパではその積出港の名によって、「伊万里《いまり》」としてのほうがよく知られています。伊万里焼のヨーロッパ輸出は、はじめは少量でしたが、しだいに増えはじめました。少量というのは、需要がすくなかったのではなく、産量がまだすくなかったのです。なにしろ年間三十万件という景徳鎮のやきものの穴埋めが、もっぱら有田にかかってきたのでした。産量がふえたので、輸出量がふえたというのが実情だったのでしょう。

景徳鎮と有田とは、このような関係があったのです。

時代の生んだドラマというのでしょうか、景徳鎮でやきものを制作したあと、有田で窯をひらいている人がいます。終戦のとき東北（満洲）に残された日本の戦争孤児の一人であった豊《と》増《よ》晏正《ますやすまさ》さんは、杭州の美術学院彫塑科を卒業して、景徳鎮に配属されました。はじめは陶瓷学院の教師をして、のち私が見学した彫塑瓷廠に技師として、前後景徳鎮で十三年間仕事をしていたのです。昭和四十九年に帰国し、翌年から有田で「晏正窯」をひらいています。三百年前の奇縁で結ばれた景徳鎮と有田の両地で、じっさいに仕事をしたというのは、稀有のことでしょう。景徳鎮旅行から帰ったあと私は豊増さんに会って、いろんな話をききました。

2

李自成は退却するときに、紫禁城の一部を焼いています。ですから、清朝初期には宮殿の造営もありました。新しい王朝ですから、なるべく自前のもので飾りたいでしょう。たとえば、宮殿に置く水甕《みずがめ》ひとつにしても、染付のすばらしい青竜缸《せいりゆうこう》が置かれていますが、それには「大明嘉靖年製」などとしるされています。大清国の宮殿で、大明の銘のはいった器具を用いるのは、自尊心が許さなかったのでしょう。満洲族はどうしても漢文化にたいして、コンプレックスをもっていましたので、それだけに、できるだけ自分のモノをつくりたかったのです。大明の元号銘のあるものは、よく気前よく巧臣に下賜したといわれています。

『景徳鎮陶録』には、

——国朝（清）の建廠造陶は順治十一年に始まる。……


とありますが、これは正式の御器廠とはいえないものだったようです。

この年、饒州の道員（道の長官）の董顕忠《とうけんちゅう》たちが、竜缸を督造したのですが失敗しました。その竜缸は直径三尺五寸、厚さ三寸、底の厚さ五寸、高さ二尺五寸だったと記録されています。五年後の順治十六年（一六五九）、ときの道員の張思明たちが、欄板《らんばん》（陶板）を督造しました。高さ三尺、はば二尺五寸、厚さ五寸ですが、これもまた焼造に失敗したのです。万暦以後は小さなゲテものばかり焼いていましたので、大きな竜缸や陶板を焼造する技術は、いつのまにか失われたのでしょう。

こうした大物の焼造は、北京の朝廷からの命令でおこなわれたのでしょうが、いくらやってもうまく行きません。欄板焼造に失敗した翌年、江西省の巡撫張朝璘《ちょうちょうりん》は上疏して、そうしたものの焼造を停止するように請うています。

窯業の荒廃は早く、その回復は遅々として進みません。

順治帝の治世は十八年でした。つぎに六十一年に及ぶ康熙帝《こうきてい》（一六五四―一七二二）の時代がつづきます。康熙帝の時代になって、やっと清朝の基礎がかたまったといえるでしょう。康熙十年（一六七一）、祭器を奉造したことが陶録にしるされていますが、祭祀のための器具ですから、それほど大きいものではなかったはずです。また祭器と御器とは、厳密にいえばおなじではありません。祭器はあくまでも祭祀用のもので、御器は皇帝の用いるものです。ですから、陶録にも、

――（康熙）十九年九月、始めて旨を奉じて御器を焼造す。

と、「始めて」という表現をしています。

このとき、内務府（宮内庁に相当する）の郎中（課長クラス）の徐廷弼《じょていひつ》や主事の李延禧《りえんき》たちが派遣され、

――廠に駐して監督す。

というのですから、清の御器窯は、このときに成立したと考えてよいでしょう。

じつはその数年前に、景徳鎮はまたしても戦乱に遭っています。いわゆる三藩《さんぱん》の乱で、雲南の呉三桂《ごさんけい》が反乱をおこして東へ兵を進めたのです。呉三桂は明末、東北で満洲軍と戦っていましたが、北京が李自成の手におちたと知ると、満洲軍と和睦《わぼく》し、その兵をひきいれて、北京を陥したという人物です。清朝建国の大功労者ですが、藩王廃止（呉三桂は平西王に封じられていました）のことをきくと、反乱をおこしたのです。康熙十三年（一六七四）、呉三桂軍は鄱陽湖《はようこ》東岸の都昌まで侵攻しました。進駐したのは、勇猛をもって知られた雲南の苗《ミヤ》族《オ》の軍隊だったのです。

この戦乱によって、景徳鎮の窯基《ようき》はことごとく破壊されたといわれています。

明末の動乱のとき、窯が破壊されたかどうかは不明です。しかし、窯などはその気にさえなれば、いくらでも築くことができます。問題は時代です。人心です。時代が上昇のときにあり、人心が奮い起っているときは、窯などはどうでもかまいません。

清の簡親王喇布《ラブ》が、江西を回復したのは康熙十六年（一六七七）三月のことでした。翌年、呉三桂は皇帝を称するのですが、まもなく死に、さしもの三藩の乱も鎮圧されてしまいました。

なぜ民心は奮い起っていたのでしょうか？

順治時代のなんどかの焼造失敗につづいて、康熙にはいって祭器の焼造納入がありましたが、工賃や製品などは、すべて時価によって支払われたようです。これは明代の御器廠時代と異なるところでした。明代は焼造のことは現地にまかされ、すべては現地調達で、人を使うときも夫役並みだったのです。

清は国庫からの支出によって、相場どおりの金を払いました。宮廷からの注文は、

――仕事をさせてもらえる。……

というかんじでうけとられたのです。

長いあいだの動乱を経験していますから、これはうれしいことでした。

漢族の呉三桂が、満洲族の清朝に反乱をおこしたのですから、住民の大部分を占める漢族がそれに呼応しそうにおもわれます。ところが、そうではなかったのです。この反乱の平定にあたっては、満洲族の皇族や将軍たちのほうが弱く、漢族の緑旗営のほうが呉三桂にたいして勇戦したのです。もちろん呉三桂の人間そのものに問題があったのですが、時代の流れには、そのような種族主義を超えたものがありました。

すくなくとも清の御器廠初期のころ、人びとの生活は潤っていたのです。それは前の時代にくらべてのことですが、人心というものは、それだけでも上むきになります。

機構もよかったのですが、有能な人物が景徳鎮窯業を指導したことも、大いに幸いしたのです。康熙二十二年（一六八三）に陶務官として派遣された臧応選《ぞうおうせん》は、清代景徳鎮黄金時代の基礎を築いた人物として記憶さるべきでしょう。

臧応選は景徳鎮に十数年在任しましたが、彼は明末清初のブランクを埋めるために、けんめいの努力を払ったのです。「断絶」したものを、その断絶ぎりぎりのところまで追究し、正しい継承をめざしたのです。とはいえ、明の万暦末年から、すでに六十年余を経ています。それは容易なことではありません。万暦のいにしえをおぼえているのは、たいへん高齢な人だけで、その技《わざ》を伝えるにも、ブランクが長すぎました。ですから、実験による作品の再現という手段のほうが有効だったのです。

実験は「復古」という目的以外に、さまざまな副産物を生みます。そうしたことが、景徳鎮の技術を、さらに前進させました。

伝説になっていることがたくさんあります。たとえば、前にふれました壺隠《こいん》老人の絶妙の技は、流霞盞《りゅうかさん》とか卵幕盃《らんばくはい》といった名品を生みましたが、それがどんなものであるか、現品をさがし出し、そのつくり方を実験するのです。成功するかどうかわかりませんので、実験ということは、費用の点からも、民間ではやりにくいことです。国庫から全予算が支出される御器廠だからこそ、そんな実験ができたのでした。

万暦のころに、周丹泉《しゅうたんせん》という陶工が、仿古《ほうこ》器の制作にすぐれていました。宋・元の古い作品に似せてつくるのですが、専門の鑑定家でも、真贋《しんがん》の区別がつきかねたといわれています。周舟泉の窯は「周窯」と呼ばれていました。周窯の秘法も、すでに伝わっていないのですが、作品から制作法をたどる努力もおこなわれたのです。

臧応選が指導していた時代の景徳鎮官窯は、「臧窯《ぞうよう》」と呼ばれています。臧窯で有名なのは、「茶葉末児《チャイエモル》」と呼ばれるもので、日本でいう蕎麦釉《そばゆう》にほかなりません。ほかに、「吹紅《ツイホン》」「吹青《ツイチン》」といって、釉を吹きつける手法のものもあります。

康熙時代（一六六二――一七二二）、やきもののデザインは、劉源《りゅうげん》という人物が描いたのだといわれています。彼の山水、人物、花鳥などが景徳鎮に送られ、絵付師がそれを手本にしてかいたのです。やきもののデザインですから、ふつうの画家では、すこしセンスが異なります。劉源は六年ほど蘇州にいましたが、当時、蘇州には織造官がおかれていましたので、おそらく彼は織物の図案をつくった経験があるのでしょう。

こんなふうにして、おおぜいの人の力で、景徳鎮は復興し、再び黄金時代を迎えることになりました。

臧応選《ぞうおんせん》はすぐれた人物でしたが、いわば専門職であって、位階はそれほど高くなく、したがって、権限もあまり大きくありません。彼のあとで、江西巡撫の郎廷極《ろうていきょく》が景徳鎮の陶務を兼ねることになりました。巡撫といえば省長にあたり、従二品の大官で、かなり大きな権限をもっていたのです。

3

郎家は江西と因縁の深い家柄です。郎廷極は漢軍鑲黄旗人《じょうこうきじん》という身分でした。遼寧(当時は奉天と称していました)の広寧の出身で、日本がかつて満洲と呼んでいた、中国の東北地方出身です。満洲族王朝が山海関を越え、北京にはいって、全中国的政権をうちたてる前に、すでに仕えていた漢人でした。旗人といえば、ふつう満洲族のことをいうのですが、漢族でも郎家のように、入関前から清に仕えていた人たちを漢軍旗人と称したのです。

郎廷極の従兄の郎廷佐は、明末清初、景徳鎮を含む饒州方面を荒らしていた土賊(これは清朝側からみての呼称ですが)の洪国柱や繆我章《びゅうがしょう》などを討伐し、江南江西総督に昇進したのです。三藩《さんぱん》の乱のとき、福建総督の現職のまま死んでいます。

郎廷極の父の郎永清は江西の贛州《かんしゅう》知府《ちふ》をつとめたこともありました。清朝の制度では、同族の者が、同地方で大官のポストにつくことはできないしきたりになっています。甥の郎延佐が江西の総督になったので、郎永清は山東へ転任しました。

郎延佐が江西をはなれたので、永清の息子の廷極が江西に勤務して巡撫となり、御器廠の陶務をも監督することになったのです。彼は康熙四十四年（一七〇五）から足かけ八年間在任しました。彼の在任中のやきものを、「郎窯《ろうよう》」と呼びます。濃厚なかんじの釉裏紅《ゆうりこう》が有名です。

このように、大きな権限をもった大官が景徳鎮の窯業を指導したのですから、回復のスピードは速かったのです。臧応選の時代にすでに復興は終わり、郎廷極の時代はもう黄金時代にはいったといえるでしょう。

郎廷極のすこしあとで、景徳鎮の陶務にたずさわったのが年希堯《ねんきぎょう》でした。冒頭に述べた、あの布隆吉《ブロンチ》城を築き、汚職のために死を賜わり、皮を剝《は》がれて太鼓の皮にされたという話の伝わっている年羹堯《ねんこうぎょう》の兄です。

兄の年希堯は広東巡撫から工部侍郎に転じたばかりでした。おなじ二品官でも、工部侍郎は京官といって、中央政府のポストですから昇進といえるでしょう。弟の罪のおかげで連坐して、その地位を棒にふってしまいました。

年希堯の弟を罰した雍正帝《ようせいてい》は、有能な皇帝でありましたが、冷血酷薄な人間でした。十三年の彼の統治期間、人びとは特務や密告におびえた暗黒時代だったのです。年希堯が助かったのは奇跡のように思えます。

じつは年家も郎家とおなじく漢軍旗人でした。しかも年希堯の妹は皇子時代の雍正帝の妃として後宮にはいっています。そればかりか、死を賜わった年羹堯の妻は皇族出身だったのです。年羹堯が傍若無人に汚職をやったのは、そのような背景をたのんでいたのかもしれません。けれども、雍正帝は自分の妻の兄などに遠慮するような人物ではありませんでした。

年羹堯が死を賜わる数ヵ月前に、雍正帝の妃であった彼の妹は死んでいます。彼女が生きておれば、兄は助かったかもしれない、という説もあるようですが、雍正帝はそんな甘い人物ではありません。それどころか、『永憲録』など当時の記録を、推理的に読むと、どうやら彼女も死を賜わったか、あるいは自殺に追いやられたという疑いが、きわめて濃厚です。

どんなに有能な君主で、康熙《こうき》と乾隆《けんりゆう》の二つの長期黄金期をつないだ役をはたしたといっても、私はこの雍正帝は好きになれません。陰惨な君主です。

これも私の推測ですが、妹の自殺は羹堯のほうは仕方がないとしても、せめてもう一人の兄の希堯だけは助けたいと、死をもって命乞いしたのかもしれません。

危うく死を免れた年希堯は、いったん工部侍郎は解任されましたが、雍正四年（一七二六）、内務府総管に任命されました。宮内庁長官に相当し、とうぜんかなりの高官だったのです。やがて彼は淮関税務管理を兼任することになりました。そして、それまで江西巡撫の兼任していた景徳鎮御器廠の監督も、彼の管轄にはいりました。彼はその職に足かけ十年在任したのです。いま「年窯」と呼ばれているのは、彼の在任中に開発された、宋の官窯を模した青磁のことです。

年希堯在任中に、その副官として景徳鎮に派遣された唐英《とうえい》も、やはり漢軍旗人でした。郎廷極、年希堯、唐英と、景徳鎮の陶務にたずさわったのは、ふしぎに漢軍旗人出身が多いのです。東北にいたころ、満洲族は経済的な才能に欠けていたため、その方面には漢人を登用していました。そんなことで、入関前から清に仕えていた漢人旗人は、経済官僚によるケースが多かったのでしょう。

おそらく景徳鎮の陶務に最も貢献したのは、この唐英であったとおもいます。年希堯が江西から去ったあとも、唐英は景徳鎮に残って、やきものの繁栄に力を尽したのです。個人的にも大富豪であり、幕僚に風雅の士を抱え、そのなかに画人も多く、やきもののデザインのレパートリーも一そうふえたことでしょう。

景徳鎮のこの黄金期に、フランスのイエズス会のダントルコール師が饒州《じょうしゅう》に来て会堂を設けました。彼の書簡はこのころの景徳鎮のことを知るのに、欠かすことのできない資料です。

――人口百万、毎日米一万俵と豚千頭が消費されている。……

と、ダントルコール師は報告しています。

4

――廠窯は此《ここ》に至って集大成された。

と、『景徳鎮陶録』は、唐英《とうえい》の事蹟をたたえています。集大成というのは、あらゆる技法をマスターしたということです。

かつては万暦《ばんれき》以前の技法の再興が、景徳鎮の最大の課題でした。康熙《こうき》・雍正《ようせい》・乾隆《けんりゅう》という、清の全盛期に、その課題を達成したばかりか、それ以上の成果をあげました。西洋ふうの技法も採りいれられました。当時、イタリア人のカスティリオーネ（中国名郎世寧《ろうせいねい》）というイエズス会の人物が、画人として清朝に仕え、洋風画がかなり浸透していたのです。やきもののジャンルにも、その影響はかなり強く出ています。

ともあれ景徳鎮は、技術至上主義であったといえるでしょう。技術は精巧の極致をもとめるものです。

古月軒《こげつけん》と呼ばれる一群の作品は、まさに精巧の粋をあつめたといえます。それは宮殿の広い部屋に飾るようなものではなく、皇帝の身辺に置いて愛玩するものであって、したがって小品が多いのです。小品で精巧といえば、もう進退きわまったというかんじになります。

技巧が頂上をきわめると、あとは退廃しかないのではないでしょうか？

六十年に及ぶ乾隆《けんりゅう》（一七三六――一七九五）も、その末期から、景徳鎮もようやく傾斜しはじめました。じつはこのころから、清朝のエネルギーも枯渇しはじめていたのです。イギリスのもちこんだアヘンが、ひろがりはじめたのもこのころでした。

景徳鎮で罷工《ひこう》（ストライキ）がはじまったのも、乾隆末期からだったのです。

王子貞、熊知四《ゆうちし》、鄭子木《ていしぼく》といったストライキの指導者の名がいまでも景徳鎮の人たちに記憶されています。王子貞は質の悪い耗銀《もうぎん》で支払われていた賃銀を、良質の紋銀に改めようという運動を指導した画工です。熊知四は肉の配給増量をもとめる運動のリーダーでした。鄭子木は梱《こん》包《ぽう》作業員ですが、食事の質が低下したことに抗議し、また休憩をふやすことを要求する運動の先頭に立ちました。彼らはすべて虐殺され、ストライキは鎮圧されたのです。

けれども、弾圧だけでは、傾きかける景徳鎮を救うことはできません。乾隆のつぎの嘉慶（一七九六――一八二〇）、道光（一八二一――一八五〇）、咸豊（一八五一――一八六一）と、時代がくだるにしたがって、景徳鎮のやきものは悪くなってきたのです。

またおなじことばをくり返さねばなりません。――時代です。人心です。それが昂揚するときと、衰微するときと、つくり出される作品に、まともに反映されます。

景徳鎮のやきものは、乾隆以後、悪くなったというよりも、いやしくなったというべきでしょう。

年代順に展示された陶瓷館のなかを歩いているだけで、そのことがわかってきます。それは気味がわるいほどです。

一八四〇年にアヘン戦争がおこり、清国は屈辱的な南京条約を結ばねばなりませんでした。これは清国社会の根底を揺るがすものだったのです。さらに十年後、太平天国戦争がおこりました。

広西の片田舎に挙兵した太平天国軍は、あっというまに広西を駆け抜け、湖南から湖北に進み、武昌を陥すと、百万の大軍となって長江を攻めくだりました。太平天国軍が南京を占領したのは、一八五三年三月十九日のことでした。太平天国は、ただちに北伐軍、西征軍を進発させ、周辺にも兵を進めました。江西方面へむかったのは、曽天養《そてんよう》の率いる部隊だったのです。

曽天養軍は八月下旬に饒州府《じょうしゅうふ》にはいり、二十八日に楽平県を占領しました。知県の李仁元は一家みな自殺しています。九月八日、曽天養は景徳鎮を占領したのですが、このとき、鎮の兵勇八百が内応したと記録されています。おそらく兵八百というのは、徴用された陶工たちのことでしょう。罷工闘争をくり返して、革命的になっていた景徳鎮の陶工たちは、太平天国に共鳴したのにちがいありません。

清軍は景徳鎮を退去するとき、窯基を破壊したということです。窯を残しておくと、その操業によって、太平天国軍が軍費を稼ぐおそれがあったからでしょう。

翌日、太平天国軍は浮梁《ふりよう》の県城を攻め、知県の謝方潤《しやほうじゆん》は死にました。凄惨《せいさん》な戦いがそこに展開されたのです。

太平天国軍が景徳鎮を占領した九月八日は、陰暦では八月六日にあたります。二週間後に中秋を迎えることになったのです。中秋は中国では大切な節日とされています。けれども、退却した清軍が窯を破壊したので、窯場は一面に瓦礫《がれき》の原となっているのでした。

窯を失った陶工はすることがありません。瓦礫の原から窯の煉瓦《れんが》や陶片などを集めて、大きな塔をつくり、なかを空洞にして、そこに火をいれました。窯に火をいれるときのことを頭にうかべながら、そのようなことをしたのでしょう。火をともされた宝塔は、夜空に真っ赤にかがやいたのでした。

このようなことがあって、それ以来、景徳鎮では、中秋になると、そのあたりにころがっている古煉瓦をあつめ、大小さまざまの塔をつくる風習がうまれたということです。それには「太平窯」という名がつけられています。

一八六四年七月の南京陥落によって、太平天国は失敗に帰しました。けれども、それは景徳鎮の陶工たちに、大きな影響を与えることになったのです。

清の政府軍が景徳鎮を取り戻すとき、陶工軍は頑強に抵抗したといわれます。

「時間がないので案内できませんが、そのときの激戦地は、ここからそれほど遠くないところです」

と、陶瓷館の劉《リユウ》さんが説明してくださいました。

劉さんはいまでこそ陶瓷研究家ですが、大学では歴史を専攻していたのです。太平天国のくだりなどは、どうやら彼が最も得意とするところのようでした。

これは北京へ戻ってからきいた話ですが、陶瓷館のあの若い劉さんは、清末の総督の曽孫だか玄孫だかということでした。清末の劉姓の総督といえば、劉嶽昭、劉長佑、劉坤一といった人たちがいますが、たいてい太平天国軍の鎮圧にまわったほうです。

太平天国軍と陶工軍の連合戦線の勇戦をたたえていた劉さんを思い出して、私は歴史の流れの滔々《とうとう》たる音をきく気がしました。

5

いよいよ景徳鎮と別れるときがきました。宿泊していた「交際所」とも、さよなら、です。まちを出る前に、陶瓷門市部（小売部）に寄って、ちょっとしたおみやげを買うことにしました。そこにならんでいるのは、もちろん新しいものばかりです。けれども、自信作をならべたというかんじでした。

太平天国戦争で荒廃した景徳鎮は、官窯より先に民窯が復興したそうです。アヘン戦争後に締結した南京条約によって、上海が開港され、そこの居留地にかなりの数の外国商人が住むようになっていました。彼らは貿易品として、景徳鎮のやきものをもとめたのですが、その注文はきまったように、

――康熙・雍正・乾隆期のようなもの。

ということだったのです。

景徳鎮の復興は、仿古からはじまったといってよいでしょう。形やデザインを真似るだけではなく、この時期のものは、器の底に康熙・雍正・乾隆などの銘もいれています。いま私たち

の目にふれる景徳鎮のやきもので、この三種の元号銘のはいっているものがあれば、九十パーセントまでは、清末から民国初年にかけての仿古品とおもってまちがいないでしょう。仿古品は時代がくだるに従って、巧みになってきています。それだけ経験を積んだからでしょう。同治期のものより光緒期のもののほうが、すくなくとも全盛期のそれによく似せています。

門市部の売場をぐるりとまわると、現在の景徳鎮の傾向が、およそわかるような気がします。基本的には、ますます精巧をもとめるという、清の全盛期の姿勢をうけついでいるようです。その意味では、仿古の継続といえるでしょう。けれども、清初の復興期の景徳鎮も、万暦以前の作品再現の努力からはじめられたことを忘れてはなりません。それが、康熙・雍正・乾隆の全盛につながったのです。現在の作品は、デザインの面では、かなり新しいものをきりひらいているようにおもえます。ただし、器のフォルムについては、まだ大胆な試みをするにいたっていないようです。もっとも、それは展示された品を一覧してかんじたことにすぎません。一般の旅行客のおみやげ用に、無難なものだけを選んでならべたのかもしれません。

門市部の西北に珠山という小高い岡がありますが、かつての御器廠は珠山の南麓に設けられたということです。そうすれば、私たちが買物をした門市部は、むかし御器廠の一部であったかもしれません。

太平天国戦争のあと、李鴻章《りこうしょう》（一八二三——一九〇一）が御器廠を再建したのは一八七四年のことでした。けれども、この最後の官窯はスケールも小さく、産量も多くありません。そして、やはり仿古に終始したそうです。いつの時代でも、強い権限と豊富な資金をもった官窯が、つねに民窯をリードしたものですが、この最後の御器廠だけは、その逆だったといわれています。清末の官窯の作品は、同時代のすぐれた民窯のそれに及ばないというのが定評です。

衰亡しつつあった清の官力は、すでに民力よりも劣っていたのです。上海を中心とする外国貿易の活動は、実力のある陶工に、有利な仕事の場を与えていました。もはやお上《かみ》の力を借りずに、生きて行くことができるようになったのです。

しかし、この時期は、デザインのうえでも新しい工夫はありませんでした。外国の需要は、「より中国らしいもの」でしたので、どちらかといえば後退気味だったのです。

今世紀になって、列強の中国侵略が相つぎ、内戦外戦のたえまがありませんでした。不安定な状況の下では、景徳鎮の繁栄はありえません。清末から民国にかけて、抗日戦争期も含めて、景徳鎮は喘《あえ》ぎながら生きてきたといえるでしょう。

解放後に、ようやく景徳鎮発展の条件が整いました。けれども、せっかく建設した陶瓷学院や研究所が四人組によって閉鎖されるというダメージを受けたのです。いま、それからやっと立ち直ったところでしょう。

門市部にはかなり高価な品もならんでいます。けれども、日本のようにある巨匠の作品だというだけで、べらぼうに高くなるということはありません。前にもふれましたが、やきものはずいぶん細分化された作業の合作です。一つのやきものが、誰の作品であるか、厳密にはいえないのです。高級品のなかには、絵付をした人の名がはいっているのがあります。名のある画人が絵付をしたものは、やはりおなじ器の値にくらべていくらか高いようです。けれども、雲《うん》泥《でい》の差ということはありません。

日本によく輸出された「祥瑞」の銘をもつやきものは、それが陶工名ではなく、窯主か問屋の名であろうということは前述しました。明《みん》代から、まれではありますが、個人名の銘がみられますが、「祥瑞」と似たようなものだったと想像されます。その銘があるということだけで、高い値段がついたのではありません。

名陶工や名画工の名は伝わっています。たとえば壺隠《こいん》老人などですが、いまやそれは伝説になっていて、げんに壺隠老人のつくった壺というものは、もはや確認できません。もしあるとすれば、伝説にあやかっての偽作であろうということです。

中国のやきものは、清代官窯の呼び名のように、「郎窯《ろうよう》」「年窯」「唐窯」と、指導者の姓を冠するのがふさわしいのです。オーケストラのコンダクターが代表者となっているようなものですから。

景徳鎮をひきしめてきたのは、やはり徹底した分業であろうとおもいます。分業はけっして、大きな組織をばらばらにすることはありません。かえって、その反対のようです。

瓷石を切り出す人、それを粉砕する人、泥状にする人、輸送する人、型をつくる人、轆轤《ろくろ》をまわす人、胎土を削る人、燃料の木を伐る人、それを乾燥させる人、窯の火加減をみる人、絵付をする人、検査をする人、梱包《こんぽう》をする人……顔料をつくる人、釉薬を調合する人……デザインを考える人……キリがないほど分業化されています。

おなじ作業内での団結が強いのはいうまでもありません。梱包のストライキがおこったのは嘉靖年間ですが、それ以来、梱包の人は「白囲裙《パイウエイチュン》」という白い作業衣を着けて仕事をするようになりました。虐殺された指導者の鄭子木を悼《いた》み、喪服のかわりにそのような作業衣を使うようになったのです。同志愛の強さが、この話からもうかがわれます。

内部だけの団結ではありません。たとえば梱包部門の人は、輸送部門の人たちと、きわめて近いつながりをもっています。自分たちだけが、独立して仕事をしているのでないことを、誰もが知っているのです。横との連帯意識も強烈なものがあります。

太平天国に参加した陶工軍が、無類の強さをみせたのは、そのような団結の力が、戦場に発揮されたからでしょう。

名陶工、名画工として有名な人はいます。しかし某々の作品として、その名のために高く売れるケースはありません。「合作」という観念が、骨の髄までこびりついているようです。そのことが、ことばのはしばしにかんじられました。

景徳鎮は特異なまちです。やきものという一つの業種を中心に、その関連の仕事をする人たちが集まっているのです。分業なればこその団結が、これから新しい景徳鎮をつくりあげるでしょう。

——景徳鎮のつぎの黄金時代よ、早かれ！

私は心のなかで、そう唱えながら、門市部を出て車中の人となりました。

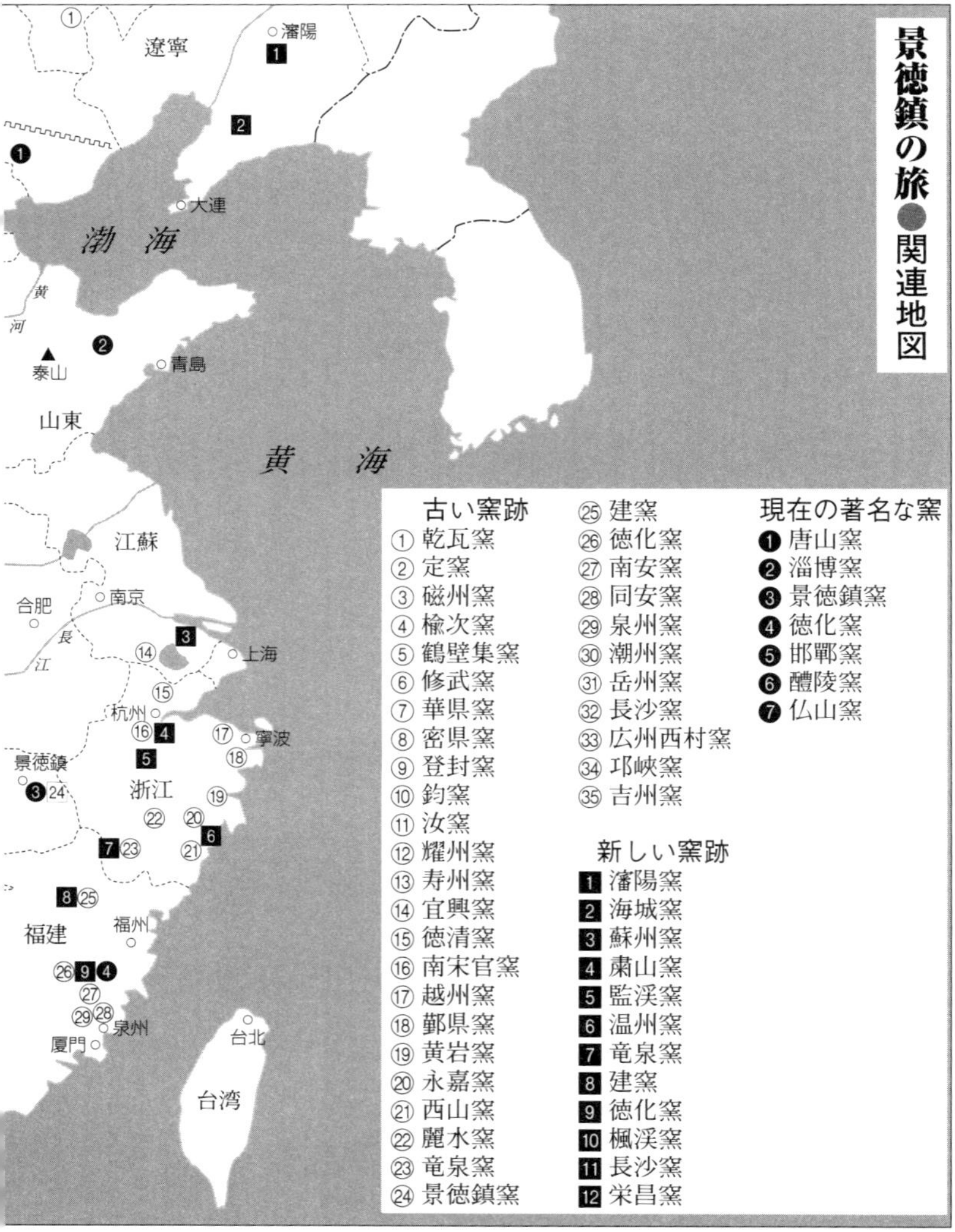

景徳鎮の旅●関連地図
遼寧
瀋陽
大連
渤海
黄河
泰山
青島
山東
黄海
江蘇
合肥
南京
長江
上海
杭州
寧波
景徳鎮
浙江
福建
福州
泉州
厦門
台北
台湾
古い窯跡
① 乾瓦窯
② 定窯
③ 磁州窯
④ 楡次窯
⑤ 鶴壁集窯
⑥ 修武窯
⑦ 華県窯
⑧ 密県窯
⑨ 登封窯
⑩ 鈞窯
⑪ 汝窯
⑫ 耀州窯
⑬ 寿州窯
⑭ 宜興窯
⑮ 徳清窯
⑯ 南宋官窯
⑰ 越州窯
⑱ 鄞県窯
⑲ 黄岩窯
⑳ 永嘉窯
㉑ 西山窯
㉒ 麗水窯
㉓ 竜泉窯
㉔ 景徳鎮窯
㉕ 建窯
㉖ 徳化窯
㉗ 南安窯
㉘ 同安窯
㉙ 泉州窯
㉚ 潮州窯
㉛ 岳州窯
㉜ 長沙窯
㉝ 広州西村窯
㉞ 邛峡窯
㉟ 吉州窯
新しい窯跡
1 瀋陽窯
2 海城窯
3 蘇州窯
4 粛山窯
5 監渓窯
6 温州窯
7 竜泉窯
8 建窯
9 徳化窯
10 楓渓窯
11 長沙窯
12 栄昌窯
現在の著名な窯
❶ 唐山窯
❷ 淄博窯
❸ 景徳鎮窯
❹ 徳化窯
❺ 邯鄲窯
❻ 醴陵窯
❼ 仏山窯

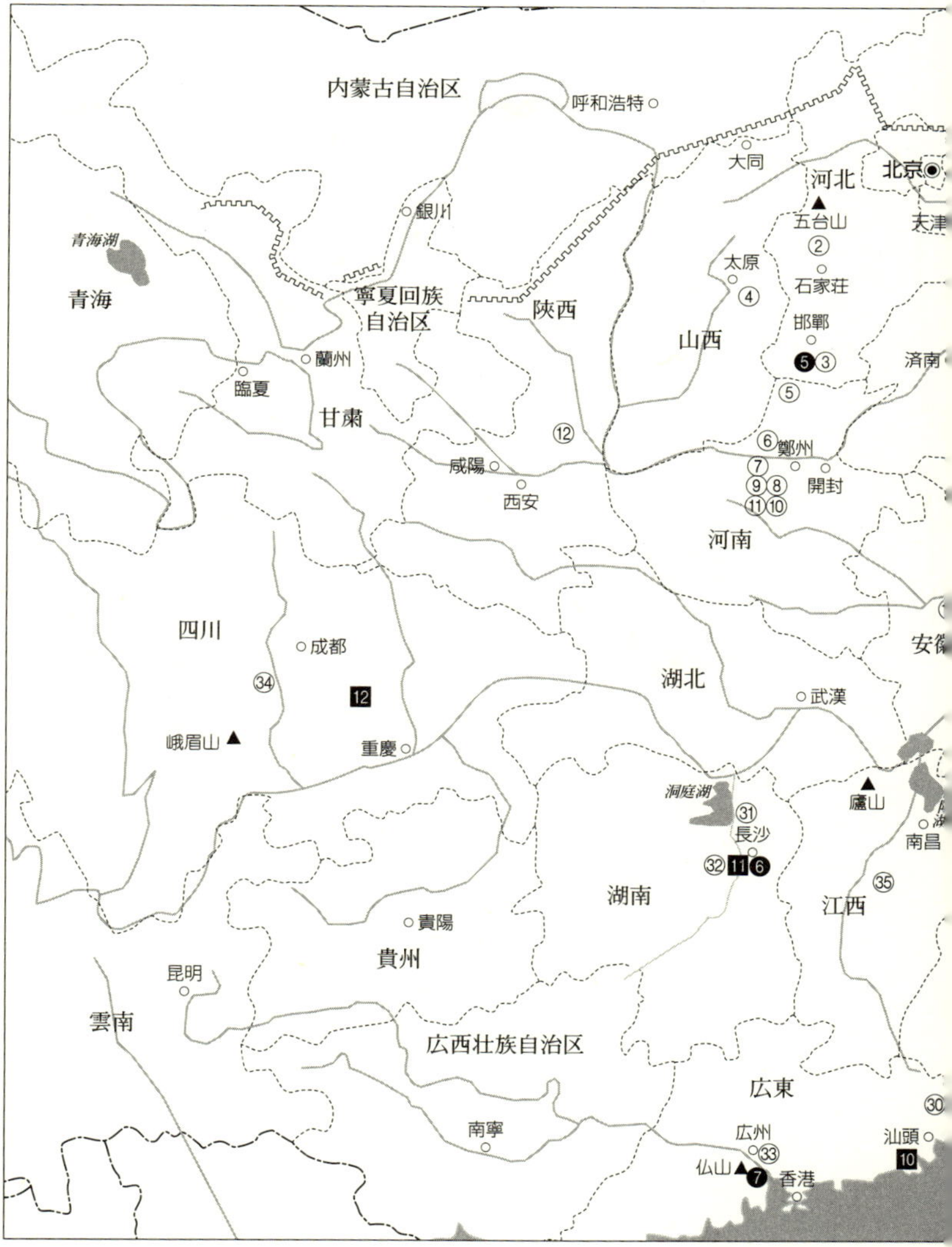
内蒙古自治区
呼和浩特
大同
河北
北京
五台山
天津
銀川
青海湖
青海
寧夏回族
自治区
陝西
太原
石家荘
邯鄲
山西
済南
蘭州
臨夏
甘粛
鄭州
咸陽
西安
開封
河南
四川
成都
湖北
武漢
峨眉山
重慶
洞庭湖
廬山
長沙
南昌
湖南
江西
貴陽
貴州
昆明
雲南
広西壮族自治区
広東
広州
汕頭
南寧
仏山
香港

本書は一九七九年一〇月平凡社より刊行されました。

景徳鎮の旅《中国やきもの紀行》

二〇〇七年九月十日　初版第一刷

著者　陳《ちん》舜《しゅん》臣《しん》

発行者　杉田早帆

発行所　株式会社　たちばな出版
〒一六七-〇〇五三
東京都杉並区西荻南二-二〇-九
たちばな出版ビル
TEL　〇三-五九四一-二三四一(代)
FAX　〇三-五九四一-二三四八

印刷所　凸版印刷株式会社

定価はカバーに記載してあります。
落丁本・乱丁本はお取り替えいたします。

ISBN978-4-8133-2075-3　
㈱たちばな出版ホームページ　http://www.tachibana-inc.co.jp/

たちばな出版・陳舜臣の著作

東《とう》眺《ちょう》西《せい》望《ぼう》

歴史エッセイ

『世界の歴史』を俯瞰する

困難があり危機を感じると、人は歴史をふりかえる。古今東西の果てしない人間の歩みを地球的スケールで考え、世界を念頭において考察する。人間の未来への英知をめぐる好歴史エッセイ。

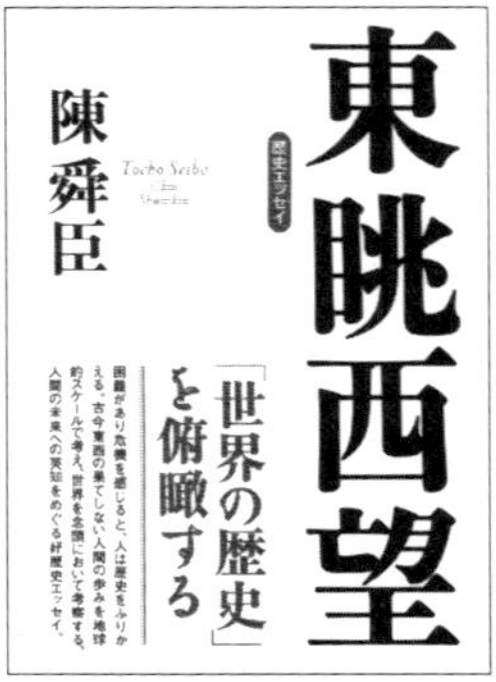

四六判並装
定価　1、890円
ISBN 4-8133-1980-7